Alexander Groth

30 Minuten

Stärkenorientiertes Führen

Bibliografische Information der Deutschen Nationalbibliothek

Die Deutsche Nationalbibliothek verzeichnet diese Publikation in der Deutschen Nationalbibliografie; detaillierte bibliografische Daten sind im Internet über http://dnb.d-nb.de abrufbar.

Umschlaggestaltung: die imprimatur, Hainburg
Umschlagkonzept: Martin Zech Design, Bremen
Illustrationen: Thomas Plaßmann
Lektorat: Friederike Mannsperger, GABAL Verlag GmbH
Satz: Zerosoft, Timisoara (Rumänien)
Druck und Verarbeitung: Salzland Druck, Staßfurt

© 2009 GABAL Verlag GmbH, Offenbach
5. Auflage 2013

Hinweis:
Das Buch ist sorgfältig erarbeitet worden. Dennoch erfolgen alle Angaben ohne Gewähr. Weder Autor noch Verlag können für eventuelle Nachteile oder Schäden, die aus den im Buch gemachten Hinweisen resultieren, eine Haftung übernehmen.

Printed in Germany

978-3-86936-301-1

In 30 Minuten wissen Sie mehr!

Dieses Buch ist so konzipiert, dass Sie in kurzer Zeit prägnante und fundierte Informationen aufnehmen können. Mithilfe eines Leitsystems werden Sie durch das Buch geführt. Es erlaubt Ihnen, innerhalb Ihres persönlichen Zeitkontingents (von 10 bis 30 Minuten) das Wesentliche zu erfassen.

Kurze Lesezeit

In 30 Minuten können Sie das ganze Buch lesen. Wenn Sie weniger Zeit haben, lesen Sie gezielt nur die Stellen, die für Sie wichtige Informationen beinhalten.

- Alle wichtigen Informationen sind blau gedruckt.

- Schlüsselfragen mit Seitenverweisen zu Beginn eines jeden Kapitels erlauben eine schnelle Orientierung: Sie blättern direkt auf die Seite, die Ihre Wissenslücke schließt.

- *Zahlreiche Zusammenfassungen innerhalb der Kapitel erlauben das schnelle Querlesen.*

- Ein Fast Reader am Ende des Buches fasst alle wichtigen Aspekte zusammen.

- Ein Register erleichtert das Nachschlagen.

Inhalt

Vorwort

Erfolgreiche Unternehmen wie Toyota, Media-Saturn und 3M zeigen eindrucksvoll, dass die Konzentration auf die Stärken von Mitarbeitern deren Motivation und Leistung steigert. Nur Menschen, die ihren Talenten entsprechend eingesetzt werden, können dauerhaft Bestleistungen erbringen.

Was wie eine Binsenweisheit klingt, wird in vielen deutschen Unternehmen bis heute nicht umgesetzt. Eine große Anzahl an Vorgesetzten führt nach wie vor defizitorientiert. Anstatt die Stärken ihrer Mitarbeiter zu nutzen, achten sie hauptsächlich auf deren Schwächen.

Die Gründe dafür sind vielfältig:
- Führungskräfte sind überlastet und finden im Alltag keine Zeit, um sich Gedanken über die Stärken ihrer Mitarbeiter zu machen.
- Ihnen fehlt das Wissen, wie man Talente bei Menschen entdeckt und fördert.
- Das Achten auf Defizite ist in der Führungspraxis weit verbreitet und damit gesellschaftlich akzeptiert.

Im Mitarbeitergespräch wird der Schwerpunkt zu oft auf die Schwächen und zu wenig auf die Stärken des Mitarbeiters gelegt. Folglich bemängeln in keinem anderen Land der Welt so viele Angestellte, sie bekämen nicht genügend positive Rückmeldung und Anerkennung für ihre Arbeit.

Selbst bei der Einstellung neuer Mitarbeiter und in der betrieblichen Weiterbildung geht es hauptsächlich darum, Defizite abzubauen bzw. auszugleichen. Dass Sie sehr viel besser führen, wenn Sie sich auf die Stärken konzentrieren, soll dieses Buch zeigen.

Damit Sie Menschen zu Bestleistungen führen können, vermittelt Ihnen dieses Buch die wichtigsten Inhalte, um

- die eigenen Stärken zu ermitteln,
- die Stärken Ihrer Mitarbeiter zu entdecken und zu fördern und
- Menschen im gesamten Unternehmen stärkenorientiert zu entwickeln.

Wenn Sie einmal darauf achten, werden Sie feststellen, dass die besten Führungskräfte mit den leistungsstärksten Mitarbeitern dieses Wissen bereits umsetzen.

Ich wünsche Ihnen spannende Erkenntnisse beim Lesen dieses Buches.

Alexander Groth

30 MINUTEN

1. Stärkenorientiertes Führen lohnt sich

In diesem Kapitel beschäftigen wir uns mit der Frage, warum stärkenorientiertes Führen sich nicht nur lohnt, sondern sogar zwingend notwendig ist.

1.1 Was die Gehirnforscher sagen

Gehirnforscher beschäftigen sich schon lange mit der Frage, ob unsere Persönlichkeit eher genetisch vorherbestimmt ist oder durch unsere Umwelt bzw. Sozialisierung ausgeprägt wird. Es hat sich gezeigt, dass fast immer beides der Fall ist. In welchem Maße uns Anlage und Umwelt prägen, wird aber weiter erforscht und kontrovers diskutiert.

In bestimmten Bereichen sind die Gene ausschlaggebend, während uns in anderen die Umwelt stärker beeinflusst. Bei der Intelligenz geht man zum Beispiel davon aus, dass sie eher genetisch festgelegt ist. Experten schätzen, dass unser IQ bis zu 80 Prozent erblich bedingt ist. Erziehung bzw. Umwelt würden dann also nur noch 20 Prozent der Gesamtintelligenz beeinflussen. Das mag auf den ersten Blick wenig erscheinen, besagt aber in der Praxis, dass sich ein Mensch mit einem IQ-Wert von nur 90 (der durchschnittliche IQ liegt zwischen 85 und 114) mithilfe der richtigen Förderung auf einen IQ-Wert von fast 110 entwickeln kann. Dies macht für dessen Leben im Alltag einen enormen Unterschied.

Unsere Persönlichkeitsstruktur ist stabil

Auch bei Persönlichkeitsmerkmalen geht man davon aus, dass vieles genetisch vorgegeben ist und mit zunehmendem Alter nur noch innerhalb enger Grenzen verändert werden kann. Subjektiv haben wir zwar den Eindruck, dass wir uns im Laufe unseres Lebens immer weiter entwickeln und durch einschneidende Ereignisse und Übergänge im Lebenslauf teilweise sogar deutlich verändern. Tatsächlich bilden sich jedoch die Grundstruktur der Persönlichkeit schon in recht jungen Jahren aus und bleibt meistens ein Leben lang relativ stabil.

Menschen ändern sich nur in begrenztem Maß

Dazu ein Beispiel: Psychologen unterscheiden die Extra- von der Introversion. Extravertierte Menschen beziehen Energie aus dem Kontakt mit anderen. Sie sind aktiv, gesprächig, gesellig, lebenslustig und enthusiastisch. Ihre Wahrnehmung ist stärker nach außen orientiert. Introvertierte Menschen beziehen Energie aus dem Alleinsein. Sie sind ernst, überlegt, zurückhaltend, ruhig und ausdauernd. Ihre Wahrnehmung ist stärker auf die Innenwelt gerichtet. Ob ein Mensch eher extra- oder introvertiert ist, lässt sich schon im Kindesalter beobachten. Diese Ausprägung bleibt auch später erhalten. Zwar kann ein eher introvertierter Mensch auch einmal extravertiert auftreten, auf Dauer entspricht dies jedoch nicht seiner Persönlichkeitsstruktur, und es strengt ihn an. Dasselbe gilt für den umgekehrten Fall. Meistens suchen sich Menschen deshalb auch Umfelder, die ihrer Persönlichkeitsstruktur entsprechen. Natürlich verändern wir uns im Laufe des Lebens als Person. Wir werden im besten Falle reifer und reflektierter. Wir gehen Dinge anders an als früher. Unsere grundsätzliche Persönlichkeitsstruktur bleibt jedoch stabil.

Eltern von mehreren Kindern wissen aus Erfahrung, dass deren grundlegende Persönlichkeitsmerkmale, wie zum Beispiel das Temperament, sich schon sehr früh zeigen und meist konstant bleiben. Umerziehungsversuche und auch das soziale Umfeld beeinflussen diese Merkmale nur in geringem Maße.

Talente sind früh festgelegt

Mit den besonderen Begabungen eines Menschen verhält es sich ebenso: Sie zeigen sich relativ früh als besondere Interessen und Neigungen eines Kindes. Talente sind angelegte Verhaltensdispositonen, die allerdings durch Erziehung und Umwelt mehr oder weniger ausgeprägt und gefördert werden. Durch die dauernde Wiederholung bevorzugter Wahrnehmungs-, Denk- und Verhaltensmuster werden immer mehr neuronale Verbindungen aufgebaut, sodass die Begabungen ausgeformt und immer weiter verstärkt werden können.

Das hat Konsequenzen für Ihre Führungsarbeit

Für Sie selbst und die Führung Ihrer Mitarbeiter bedeutet dies, dass der Versuch, grundlegende Persönlichkeitsmerkmale von Menschen mit großer Kraftanstrengung zu verändern, sinnlos ist. Selbst hoher Energieaufwand würde zu völlig unbefriedigenden Ergebnissen für beide Seiten führen. Konzentrieren Sie sich lieber auf die Stärken! Finden Sie heraus, welche Veranlagungen und Talente Menschen haben und fördern Sie diese, denn das bringt Ihnen und Ihren Mitarbeitern massive Vorteile, wie Sie im nächsten Abschnitt feststellen werden.

Die Persönlichkeitsstruktur von Menschen ist relativ stabil. Versuchen Sie deshalb nicht, Menschen in ihren Persönlichkeitsmerkmalen grundlegend zu verändern – das ist ein sinnloses Unterfangen. Finden Sie besser die schon früh entwickelten individuellen Talente und Stärken Ihrer Mitarbeiter und fördern Sie diese.

1.2 Was sich durch stärkenorientiertes Führen erreichen lässt

Kennen Sie die Geschichte von der Frau, deren Mann sich über 20 Jahre nicht zu ihren Kochkünsten geäußert hat? Eines Tages setzt sie ihm einen Teller Stroh vor. Als er sich daraufhin beschwert, erwidert sie lakonisch: „Erstaunlich, dass du das merkst."

So ähnlich ergeht es leider auch Millionen von Arbeitnehmern in deutschen Unternehmen. Sie erbringen jeden Tag Leistung, für die sie zwar bezahlt werden, ohne jedoch ein Wort der Anerkennung dafür zu erhalten.

Mehr Motivation durch Anerkennung

Wenn Sie Ihre Mitarbeiter stärkenorientiert führen, können sich diese glücklich schätzen. Es bedeutet, dass Sie ihnen regelmäßig eine Rückmeldung darüber geben, welche positiven Dinge Sie an ihnen wahrgenommen haben. Die Anerkennung ihrer Leistung und ihrer Person ist für die meisten Menschen einer der wichtigsten Motivatoren. Mit Ihrem stärkenorientierten Feedback geben Sie ihnen diese Anerkennung.

Mehr Motivation durch Erfolg

Stärkenorientiertes Führen bedeutet außerdem, dass Sie Menschen ihren Begabungen entsprechend einsetzen. Wenn wir in einem Bereich arbeiten, in dem unsere Begabungen gefragt sind, sind wir im Normalfall auch erfolgreich, weil wir anderen durch unser Talent überlegen sind.

Von allen möglichen Motivatoren ist Erfolg für die meisten Menschen der stärkste. Er ist jedoch von relativ kurzer Wirkungsdauer. Anders gesagt: Erfolg muss sich immer wieder neu einstellen, damit er seine motivierende Wirkung entfalten kann. Erfolge, die länger zurückliegen, verblassen in der eigenen Wahrnehmung. Wenn Menschen stärkenorientiert eingesetzt werden, stellt sich der Erfolg kontinuierlich ein.

Damit haben Sie für die Führungsaufgabe „Motivation Ihrer Mitarbeiter" schon sehr viel geleistet, mehr als viele andere Vorgesetzte. Alle von außen aufgesetzten Maßnahmen zur Motivation wie zum Beispiel Bonuszahlungen zeigen deutlich weniger motivierende Wirkung als das stärkenorientierte Führen.

Wenn Stärkenorientierung als grundlegendes Prinzip eingesetzt wird, verbessert sich nicht nur die Leistung einzelner Mitarbeiter, sondern der gesamte Bereich wird mit weniger Aufwand besser abschneiden.

Wenn Mitarbeiter ihren Stärken entsprechend eingesetzt werden, sind sie erfolgreicher. Das führt zu mehr Anerkennung und Erfolg. Mit stärkenorientierter Führung erreichen Sie daher nicht nur eine bessere Leistung, sondern Sie fördern auch die Motivation.

1.3 Wie die Realität in den meisten Unternehmen aussieht

In deutschen Unternehmen wird noch sehr oft schwächenorientiert geführt. Warum haben so viele Manager einen defizitorientierten Führungsstil? Weil es einfach ist! Selbst eine wenig begabte Führungskraft erkennt früher oder später die Schwächen der einzelnen Mitarbeiter. Wenn ein Mitarbeiter zum Beispiel ein schlechtes Selbstmanagement hat, dann kommt er zu spät, vergisst Dinge oder liefert Arbeiten unpünktlich ab. Das wahrzunehmen ist für einen Vorgesetzten leicht. Wenn ein Mitarbeiter beispielsweise nur schwache Englischkenntnisse besitzt, muss die Führungskraft nur einmal danebenstehen und kann es hören.

Sie verbringen heute statistisch gesehen mehr Zeit mit Ihren Arbeitskollegen als mit Ihrem Lebenspartner. Da bleiben die Schwächen einer Person im Laufe der Zusammenarbeit nicht verborgen. Im Mitarbeitergespräch kommen dann vorzugsweise genau diese Defizite auf den Tisch. Statt sich Gedanken über die Stärken des Mitarbeiters zu machen, wird darüber diskutiert, wie man Schwächen ausgleichen kann.

Die Mitarbeiter kennen nur ihre Schwächen

Es kommt erschwerend hinzu, dass die Mitarbeiter sich ihrer Schwächen wesentlich stärker bewusst sind als ihrer Stärken. Die meisten Menschen können ein ganzes Blatt mit ihren Defiziten füllen, gleichzeitig aber maximal drei Stärken benennen. Dies liegt auch daran, dass die Wahrnehmung unserer Schwächen oft mit starken Gefühlen einhergeht, die diese im emotionalen Langzeitgedächtnis einbrennen. Wer zum Beispiel über eine schlechte Rechtschreibung verfügt, kommt früher oder später in eine sehr peinliche Situation, die ein starkes Schamgefühl zur Folge hat. Solche sehr unangenehmen Momente vergisst man so schnell nicht wieder. Die Schwäche wird sehr stark wahrgenommen. Wer dagegen in Grammatik besonders gut ist, hat deswegen nicht zwangsläufig starke positive emotionale Erlebnisse. Viele halten ihre Stärken einfach für normal, weil sie nie Rückmeldungen dazu bekommen. Sie wissen zum Teil nicht einmal, dass sie etwas überdurchschnittlich gut können.

Dies liegt an der in Deutschland weit verbreiteten Kultur des schwäbischen Lobs: „Net gmault isch globt gnug!" In keinem anderen Land Europas bekommen Mitarbeiter so wenig positive Rückmeldung zu ihren Leistungen. Die Fehler und Schwächen werden ausführlich kommentiert, wohingegen die Erfolge und Stärken kaum angesprochen werden. Glücklicherweise ändert sich hier seit Jahren die Einstellung. Weder die Mitarbeiter noch die jüngeren Führungskräfte akzeptieren heute noch einen rein defizitorientierten Führungsstil. Die Erwartungen an Führungskräfte sind gestiegen.

Betriebliche Weiterbildung ist auf Defizite ausgerichtet

Selbst die betriebliche Weiterbildung in Unternehmen, wo man es eigentlich besser wissen sollte, ist vorrangig auf den Abbau von vermeintlichen Schwächen ausgerichtet. So bestätigen beispielsweise viele Rhetorik-Trainer, dass häufig Mitarbeiter in die Präsentations-Seminare geschickt werden, die nach eigener Aussage nie präsentieren müssen. Man schickt sie lediglich dorthin, weil sie nicht vortragen können und man das als eine Schwäche wahrgenommen hat, die es zu beseitigen gilt. Rhetorisch talentierte Mitarbeiter dagegen werden nicht zum Seminar geschickt, weil sie eben schon eine natürliche Begabung haben. Warum soll man sie also noch fördern? Doch diese Logik ist falsch!

Unternehmen sollten stattdessen die begabtesten Redner weiter trainieren, um ihnen den nötigen Feinschliff zu geben und sie damit auf ein noch höheres Niveau zu heben. Diese rhetorisch talentierten Mitarbeiter können dann beispielsweise die Unternehmenspräsentationen bei Kunden halten und diese begeistern. Es nützt nichts, unbegabte Redner auf ein mittelmäßiges Niveau zu trainieren, die das Gelernte danach weder anwenden wollen noch werden und schlimmstenfalls schlecht umsetzen. Besser wäre es, auch deren Talente herauszufinden und sie darin zu fördern. Interessanterweise melden sich Mitarbeiter, die ihre Seminare selbst auswählen dürfen, gern für Themen an, die ihnen Freude bereiten und in denen sie oft schon über einiges Können verfügen. Fragen Sie Ihre Mitarbeiter also besser, welche Fertigkeiten Sie durch Weiterbildung gern ausbauen möchten. Achten Sie darauf, über welche Interessen Mitarbeiter mit Begeisterung erzählen und wann die Augen Ihres Gegenübers zu leuchten beginnen.

Auch unsere Erziehung ist defizitorientiert

Dass dieses defizitorientierte Denken von den meisten Menschen nicht als völlig widersinnig erkannt wird, liegt auch daran, dass wir von Kind auf daran gewöhnt sind. Das Schulsystem hat uns schon früh gezeigt, dass es wichtiger ist, auf Defizite zu achten und diese auszugleichen als auf unsere Stärken zu schauen. Das Ziel der Schule ist es, den Schülern eine Allgemeinbildung zu vermitteln. Sie sollen von allem ein bisschen können, etwas Ahnung von Mathematik, Geschichte, Geografie, Physik etc. haben. Individuelle Stärken werden oft nicht erkannt und falls doch, in der Schule selten gefördert. Ob man versetzt wird, hängt weniger von den Stärken als von den Defiziten ab. Die schlechtesten Noten entscheiden über das Weiterkommen. Schule setzt damit nicht auf den Ausbau der individuellen Stärken, sondern auf die Bewältigung eines für alle gleichen Bildungskanons. Für die Universität gilt dasselbe.

Auch im Berufsleben werden die individuellen Talente oft nicht erkannt oder nicht gefördert. Die zentrale Personalentwicklung hat meistens zu wenig Einfluss im Unternehmen, zu geringe Budgets und wird nicht selten zum Seminarverwalter degradiert. Es bleibt jedem Mitarbeiter letztendlich selbst überlassen, für die eigene Förderung zu sorgen bzw. diese einzufordern.

In der Unternehmensrealität führen Vorgesetzte oft defizitorientiert. Auch die innerbetriebliche Weiterbildung konzentriert sich zu sehr auf den Abbau von Defiziten statt auf das Fördern von Talenten.
Stärkenorientiertes Führen
- *geht von den Talenten der Mitarbeiter aus,*
- *erhöht die Motivation der Mitarbeiter und*
- *steigert die Leistung aller.*

30 MINUTEN

2. Führen Sie sich selbst stärkenorientiert

Wenn es Ihnen ein Anliegen ist, Ihre Mitarbeiter stärkenorientiert zu führen, dann besteht der erste Schritt darin, sich selbst stärkenorientiert zu führen. Es dürfte Ihnen als Führungskraft schwerfallen, die Stärken Ihrer Mitarbeiter zu entdecken und zu fördern, wenn Sie dies für sich selbst nicht können.

2.1 Was ist eine Stärke?

Erstaunlicherweise bereitet es den meisten Menschen Schwierigkeiten, ihre Stärken klar zu benennen. Häufig werden auf die Frage nach den eigenen Stärken Arbeitsaufgaben genannt: „Ich bin im Marketing tätig und mache dort ..." oder: „Ich kann gut mit Excel umgehen." Dies sind jedoch keine Stärken, sondern lediglich Beschreibungen, was man in seinem Job macht. Was genau macht also eine Stärke aus?

Das amerikanische Meinungsforschungsinstitut Gallup hat sich über Jahrzehnte mit dem Thema befasst und schlägt eine pragmatische Definition vor:

Stärke = Talent + Wissen + Können

Eine Stärke besteht also aus dem Zusammenspiel von drei Faktoren:

Ein Talent ist ein Muster

Ein Talent ist ein Wahrnehmungs-, Denk- oder Verhaltensmuster, das Sie dauernd wiederholen und das Sie produktiv einsetzen können, um ein Ziel zu erreichen. Talente helfen Ihnen, bestimmte Aufgaben besser und schneller zu lösen, als andere das können. Die ausgebildeten Muster nutzen Sie sowohl bewusst als auch unbewusst immer wieder.

Jeder Mensch hat produktiv einsetzbare Muster

Nehmen wir als Beispiel einen Menschen, der die Fähigkeit hat, schnell Kontakte zu anderen Menschen zu knüpfen. Wenn eine solche Person in ein neues Arbeitsumfeld kommt, kennt sie schon nach kurzer Zeit alle wichtigen Entscheidungsträger. Welche Muster zeigt ein Mensch mit ausgeprägter Kontaktfähigkeit? Das Verhaltensmuster besteht offensichtlich darin, unbekannte Menschen ohne Scheu anzusprechen und schnell eine gute Beziehung zu diesen aufzubauen. Außenstehende fragen sich oft, wie solche kontaktfreudigen Menschen das hinbekommen. Wie spricht man wildfremde Personen an?

Neben dem Verhaltensmuster, Menschen anzusprechen, hilft der Person zusätzlich wahrscheinlich ein bestimmtes Wahrnehmungsmuster: Sie nimmt vorrangig die positiven Dinge an einer Person oder im Raum wahr, die ihr eine freundliche Ansprache ermöglichen: „Sie tragen aber eine außergewöhnliche Uhr. Was ist das denn für ein Modell?" Oder: „Schön hell haben Sie es hier. Solch große Fenster würde ich mir für mein Büro auch wünschen." So ist das Eis schnell gebrochen. Mit einem solchen Gesprächseinstieg lassen sich Menschen gerne ansprechen.

Für jedes Talent gibt es passende Aufgaben
Alle Talente sind in einem geeigneten Arbeitsumfeld einsetzbar. Betrachten wir beispielsweise einmal das Talent „Umsetzungsorientierung". Menschen mit diesem Talent sind in der Lage, mit einem Problem schnell und lösungsorientiert umzugehen. Sie fühlen sich gut, wenn sie eine Herausforderung oder Aufgabe konkret angehen können. Lange Diskussionen machen sie ungeduldig. Ihre Wahrnehmung ist auf das Finden pragmatischer Lösungen ausgerichtet, die möglichst schnelle Resultate ermöglichen. Wenn eine solche Lösung entwickelt ist, gehen sie sofort dazu über, diese in die Tat umzusetzen. Eine Aufgabe, die

erst aufwendige Analysen erfordert, macht ihnen wenig Freude.

Andere Menschen dagegen haben ein entgegengesetztes Denkmuster. Sie lieben es, eine Sache im Detail zu durchdringen, von allen Seiten zu betrachten und Vernetzungen zu erkennen. Wenn man sie drängt, eine schnelle Entscheidung zu treffen, fühlen sie sich äußerst unwohl. Sie sind fast unfähig dazu, weil es ihnen wie ein Lotteriespiel erscheint, wenn die Sache nicht in aller Konsequenz durchdacht ist. Das kostet natürlich Zeit.

Für beide Herangehensweisen, die „Umsetzungsorientierung" und das „vertiefte, kausale und vernetzte Denken" gibt es Jobumfelder, in denen genau diese Fähigkeiten gewünscht und gesucht sind, und solche, in denen sie eher ungünstig sind. Für einen Produktionsleiter oder einen Feuerwehrmann ist „Umsetzungsorientierung" beispielsweise sicher vorteilhaft, während das kausale, vernetzte Denken in der Tätigkeit des Strategen oder des Ökologen wichtig ist.

Viele Talente lassen sich für Führung nutzen

Für die meisten Berufe braucht man nicht ein einzelnes, alles entscheidendes Talent. Es gibt fast immer verschiedene Begabungen, die sich produktiv einsetzen lassen. Um ein guter Vorgesetzter zu sein, können Sie als Führungskraft in Ihrer Arbeit sehr unterschiedliche

Talente nutzen, wie zum Beispiel Einfühlungsvermögen (für die Mitarbeiter), Zielfokussierung (für eine klare Aufgabenzuweisung und Delegation) oder Durchsetzungsfähigkeit (für die Interessen der Mitarbeiter und der Abteilung). Das bloße Vorhandensein solcher Talente oder Stärken bedeutet aber noch nicht, dass jemand auch eine bessere Führungskraft ist. Man muss diese Fähigkeiten tatsächlich auch aktiv für die Mitarbeiter einsetzen. Welche Wahrnehmungs-, Denk- oder Verhaltensmuster haben Sie?

Wissen

Ein Talent alleine reicht noch nicht aus. Damit es sich entfalten kann, muss es durch Fachkenntnisse ergänzt werden. So braucht ein Arzt Wissen über den menschlichen Körper, gängige Krankheiten und die passenden Behandlungsmethoden. Ein Verkäufer muss neben dem Verkaufstalent über Wissen zu seinen Produkten und den Produkten der Mitbewerber verfügen und er muss wissen, wie man ein Verkaufsgespräch professionell führt.

Eine Führungskraft braucht beispielsweise Kenntnisse darüber, wie sie bestärkendes oder auch kritisches Feedback gibt, wie sie richtig Ziele setzt und wie ein Mitarbeiterjahresgespräch geplant und durchgeführt wird. Ohne dieses Wissen wird es ihr schwerfallen, als Führungskraft eine gute Arbeit zu leisten.

Können

Mit Können ist durch Übung erworbene Erfahrung gemeint. Jeder frisch von der Universität entlassene Mediziner hat gelernt, welche Arbeitsschritte bei einer schwierigen Operation zu tun sind. Er besitzt das theoretische Wissen über die genaue Vorgehensweise. Den Eingriff auszuführen erfordert aber eine gewisse Erfahrung. Diese kann er sich zum Teil von routinierten Chirurgen abschauen. Letztendlich muss er aber selbst Operationen durchführen, bis auch er irgendwann über Können durch Erfahrung verfügt.

Junge Verkäufer sammeln durch Schulungen sehr viel Wissen über ihre Produkte und das ideale Verkaufsgespräch. Jede erfahrene Führungskraft im Vertrieb weiß aber, dass ein unerfahrener Verkäufer deshalb noch lange keine Abschlüsse tätigen wird. Er braucht neben der reinen Theorie die Erfahrung der alten Hasen, um Kunden tatsächlich zum Kauf zu bewegen.

Führungskräfte brauchen Erfahrung, um in einer konkreten Situation angemessen mit einem Mitarbeiter umzugehen. Beispiel: Ein Mitarbeiter erbringt zu wenig Leistung, weil er eine persönliche Krise durchläuft. Soll man mit Nachsicht reagieren, damit der Mitarbeiter Zeit hat, einen für ihn schwierigen Prozess zu verarbeiten? Oder muss man ihm eine klare Grenze setzen, weil er in Selbstmitleid zu versinken droht und das Maß für eine tolerierbare Minderleistung bereits überschritten ist? Die Antwort findet eine Führungskraft nicht im Lehrbuch, sondern aufgrund von Erfahrung.

Erst die Kombination aus Talent, Wissen und Können ergibt eine Stärke. Sprechen Sie daher Ihren Mitarbeitern und sich selbst ein Talent nicht zu schnell ab. Es könnte sein, dass Ihnen nur Wissen und/oder Können fehlen. Diese lassen sich aber erwerben.

Eine Stärke entsteht durch die Verbindung von Talent, Wissen und Können. Ein Talent ist definiert als ein Wahrnehmungs-, Denk- oder Verhaltensmuster, das bei Ihnen stark ausgeprägt ist und das Sie produktiv einsetzen können, um ein Ergebnis zu erzielen.

2.2 Wie Sie Ihr eigenes Talentprofil erstellen

Jeder Mensch hat Talente

Es gibt nicht viele Menschen, die über solch extreme Begabungen verfügen wie die Jahrhundertgenies Leonardo da Vinci, Johann Wolfgang von Goethe oder Albert Einstein. Aber jeder Mensch hat Talente. Jeder! Erinnern Sie sich an die Definition eines Talents: Ein Talent ist ein Wahrnehmungs-, Denk- oder Verhaltensmuster, das Sie dauernd wiederholen und das Sie produktiv einsetzen können, um ein Ergebnis zu erzielen. Jeder Mensch verfügt über solche Muster, die er produktiv einsetzen kann. Die Kunst besteht nun darin, diese positiven Wahrnehmungs-, Denk- und Verhaltensmuster zu benennen, damit Sie ihr eigenes Talentprofil erstellen können. Kennen Sie dieses erst einmal, suchen Sie sich eine Tätigkeit, bei deren Ausübung diese Muster sehr vorteilhaft sind. Wenn Sie das geschafft haben, werden Sie mit einer im Vergleich zu anderen geringen Anstrengung exzellente Leistungen erbringen und erfolgreich sein. Dasselbe gilt für Ihre Mitarbeiter, wenn diese ihren Mustern entsprechende Aufgaben übernehmen.

Talente helfen Ihnen, erfolgreich zu sein

Manche Menschen haben Bedenken, sich ihre Talente bewusst zu machen, weil sie die Konsequenzen fürchten. Was soll man tun, wenn die eigenen Talente im momentanen Job überhaupt nicht zur Geltung kommen? Wer hat schon Lust, sich einen neuen Beruf zu suchen und alles aufzugeben, was man erreicht hat? Diese Bedenken sind fast immer unbegründet. Sie müssen Ihren Job in den meisten Fällen nicht kündigen und ganz neu anfangen. Sie können Ihre Talente mit großer Wahrscheinlichkeit auch in Ihrer jetzigen Position als Führungskraft schon einsetzen, denn viele davon lassen sich in der Führung von Menschen nutzen. Wenn Sie wissen, welches Ihre Talente sind, können Sie diese noch wesentlich gezielter zum Führen Ihrer Mitarbeiter einsetzen.

Entdecken Sie Ihre Talente

Um Ihren Talenten auf die Spur zu kommen, sollten Sie vor allem eine Person befragen, die Sie besser kennt, als irgendjemand sonst: Das sind Sie selbst! Niemand kann Sie in so vielen verschiedenen Situationen so genau beobachten. Kein Außenstehender kann Ihre Wahrnehmungs- und Denkmuster so unmittelbar erkennen wie Sie, denn diese dringen nur nach außen, wenn Sie sie kommunizieren oder sich entsprechend verhalten. Befragen und beobachten Sie sich also zunächst einmal selbst.

Die folgenden fünf Fragen werden Ihnen helfen, Ihre Talente zu entdecken:

Frage 1: Was fällt mir leicht?

Das ist eine zentrale Frage zum Erkennen von Stärken. Immer wenn Sie eine Aufgabe wiederholt mit Leichtigkeit absolvieren, ist das ein Hinweis auf ein mögliches Talent. Sehr wahrscheinlich unterstützen eines oder mehrere Ihrer Wahrnehmungs-, Denk- oder Verhaltensmuster Sie bei dieser Aufgabe. Fragen Sie sich also, woran genau es liegt, dass Sie bestimmte Aufgaben immer wieder scheinbar mühelos meistern. Leider achten wir auf die Dinge, die uns leichtfallen, oft nicht besonders. Wir glauben, das sei selbstverständlich, und sehen nicht das Talent, das sich dahinter verbirgt. Machen Sie sich im Alltag Notizen darüber, was Ihnen leichtfällt und fragen Sie nach den zugrunde liegenden Talenten.

Frage 2: Wo erziele ich regelmäßig sehr gute Ergebnisse, ohne dass ich mich dafür besonders anstrengen muss?

Bei dieser Frage kommt der Erfolg als Kriterium hinzu. Bei welchen Aufgaben erzielen Sie regelmäßig gute bis sehr gute Leistungen? Worin gehören Sie zu den Besten? Was können Sie besser als andere? Wofür werden Sie von anderen immer mal wieder bewundert, obwohl es aus Ihrer Sicht nichts Besonderes ist und Ihnen keine große Mühe macht? Haben Sie diese Erfolge auch noch in weniger Zeit und mit weniger Anstrengung verwirklicht, ist wahrscheinlich ein Talent im Spiel. Wenn Sie Ihre Talente einsetzen können, führt dies fast immer zu Spitzenleistungen.

Frage 3: Welche Wahrnehmungs-, Denk- und Verhaltens-muster nehme ich bei mir selbst wahr, die sich produktiv nutzen lassen?

Vielleicht sind Sie sich bereits jetzt verschiedener Wahrnehmungs-, Denk- und Verhaltensmuster bewusst geworden, die für Sie charakteristisch sind. Wenn dem so ist, fragen Sie sich, in welchem Kontext Sie diese Muster vorteilhaft einsetzen können. Dass Muster positiv eingesetzt werden können, ist nicht immer offensichtlich.

Ein Mitarbeiter hatte beispielsweise das Problem, dass er von den Kollegen als wenig teamfähig angesehen wurde, da er stets auf seiner Meinung beharrte und diese auch häufig gegen den Widerstand seiner Kollegen durchsetzte. Tatsächlich war diese „Schwäche" in Wahrheit eine Talent, das er später in der Funktion eines Einkäufers sehr gut nutzen konnte. Er war ungemein verhandlungsstark und konnte später, als er sich das nötige Wissen angeeignet und entsprechende Erfahrung gesammelt hatte, hervorragende Ergebnisse für seinen Konzern erzielen. Sein Talent, die Durchsetzungsfähigkeit, empfanden Kollegen, die über diese Eigenschaft nicht verfügten, schnell als mangelnde Rücksichtnahme. Beobachten Sie sich selbst und notieren Sie Ihre produktiven Wahrnehmungs-, Denk- oder Verhaltensmuster.

Frage 4: Welche Arbeit oder welche Aufgaben laden mich energetisch auf?

Wenn Ihnen eine Arbeit leichtfällt und außerdem zu Ihrem Erfolg beiträgt, macht Ihnen die Arbeit Spaß. Sie fühlen sich voller Energie. Ihre Batterien werden aufgeladen. Wenn Sie für eine Arbeit kein Talent haben, fällt sie Ihnen schwer und Sie müssen sich überwinden. Anschließend fühlen Sie sich erschöpft.

Überlegen Sie also, bei welchen Aufgaben Sie am meisten Energie verspüren. Was erfüllt Sie mit Begeisterung? Nach welchen Aufgaben fühlen Sie sich aufgeladen und zufrieden? Bei welchen Arbeiten vergessen Sie die Zeit? Welche Arbeiten haben Ihnen in der letzten Woche am meisten Freude bereitet? Auf welche Tätigkeiten freuen Sie sich schon in der nächsten Woche? Notieren Sie für ein paar Tage, in welchen Situationen Ihr Energielevel besonders hoch ist. Welches Talent bzw. Muster könnte für diesen Energieschub die Ursache sein?

Frage 5: Was würden ich tun, wenn Geld keine Rolle spielte? Welcher produktiven Tätigkeit würde ich nachgehen?

Gemeint ist mit dieser Frage nicht, wie Sie sich den perfekten Urlaubstag vorstellen. Dauerndes Nichtstun langweilt uns. Die meisten Menschen wollen im Leben letztendlich etwas Produktives leisten.

Vielleicht kennen Sie die Geschichte, in der ein Mann stirbt und an einen Ort kommt, an dem ihm eine weiße Gestalt jeden Wunsch erfüllt. Er bekommt das herrlichste Essen, lebt an wunderschönen Orten und geht seinen Hobbys nach. Nach einigen Wochen beginnt er sich zu langweilen und äußert den Wunsch, etwas Produktives zu tun. Er will etwas arbeiten und erfährt, dass dies das Einzige ist, was an diesem Ort unmöglich sei. Er darf nichts Produktives tun. Es dauert nicht lange, bis er merkt, dass dieser Ort nicht der Himmel, sondern die Hölle ist und die Gestalt sich langsam rot färbt. Wir Menschen wollen einen Beitrag leisten. Wir wollen produktiv sein.

Was genau würden Sie tun, wenn Geld keine Rolle mehr spielte und Sie genügend Urlaub gemacht hätten? Wie würde der perfekte produktive Tag aussehen? Welcher „Arbeit" würden Sie freiwillig und mit Freude nachgehen?

Befragen Sie Ihr näheres Umfeld

Nachdem Sie die fünf Fragen für sich beantwortet haben, können Sie abschließend Menschen aus Ihrem näheren privaten und beruflichen Umfeld befragen, zu denen Sie eine gute Beziehung haben. Menschen, die regelmäßig mit Ihnen zusammen sind, fallen oft Fähigkeiten auf, die Sie vielleicht als „selbstverständlich" hinnehmen und nicht als Stärke verbuchen. Ergänzen Sie die eigenen Beobachtungen zu Ihren Begabungen um die Kommentare nahestehender Personen. Fragen Sie diese: „Welche Stärken nimmst du an mir wahr? Was denkst du, kann ich gut, ohne dass es mich besondere Anstrengung kostet?" Achten Sie darauf, welche Eigenschaften von mehreren Personen genannt werden. Tragen vielleicht einige Stärken, die auf den ersten Blick verschiedene sind, eine gemeinsame Überschrift wie zum Beispiel „Kommunikation"?

Sehen Sie das, was Sie dabei erfahren, aber nur als Ergänzung Ihrer Selbstbeobachtung an. Den Löwenanteil Ihres Stärkenprofils sollten Sie aufgrund von Selbstreflexion erstellen. Andere Menschen können immer nur Ausschnitte von Ihnen sehen und beobachten Sie durch deren vorgegebene Wahrnehmungsbrillen. Lassen Sie sich deshalb nicht zu sehr von außen beeinflussen.

Machen Sie Tests

Eine weitere Möglichkeit, eigene Stärken bzw. wiederkehrende Muster herauszufinden, bieten geeignete Fragebögen. Leicht zugänglich und sehr preiswert sind der exzellente StrengthsFinder des Gallup-Instituts (Buckingham 2007) und die auf dem Myers-Briggs Type Indicator (MBTI) basierenden Tests (Attems 2003, Stahl 2007), die in Buchform veröffentlich wurden. Empfehlungen zu diesen und weiteren hervorragenden Büchern mit Tests finden Sie im Anhang. Das investierte Geld ist gut angelegt. Eine sicherlich ungewöhnliche, aber ebenfalls sehr ergiebige und für experimentierfreudige Leser geeignete Möglichkeit, die eigenen Stärken herauszufinden, kann der Besuch eines guten Astrologen sein. Eine seriöse Adresse finden Sie ebenfalls im Anhang.

Erstellen Sie ein Stärkenprofil

Fassen Sie schließlich alle Ihre Notizen zusammen und ergänzen Sie die gefundenen Talente um die Bereiche, in denen Sie Wissen und Können erworben haben, zu einem Stärkenprofil. Schreiben oder malen Sie alle Stärken auf ein großes Blatt Papier, sodass Sie die Ergebnisse auf einen Blick sehen können. Wenn Sie sich Ihr Stärkenprofil jetzt ansehen, können Sie sich fragen: „In welchem Beruf oder in welcher Tätigkeit könnte ich meine Talente besonders gut zum Einsatz bringen?" Oder: „Wie kann ich meine vorhandenen Talente in meinem Job noch besser zur Geltung bringen?" Konzentrieren Sie sich dabei mehr auf die Talente als auf Wissen und Können, denn Letztere können Sie erwerben, während ein Talent vorhanden ist oder nicht. Hauptsächlich das Talent entscheidet über Ihren Erfolg.

Jeder Mensch verfügt über Talente im Sinne pro-duktiv nutzbarer Wahrnehmungs-, Denk- oder Verhaltensmuster. Erstellen Sie anhand des Fragenkatalogs Ihr persönliches Stärkenprofil. Ergänzen Sie Ihre Beobachtungen durch geeignete Tests und Feedback aus Ihrem Umfeld.

2.3 Wie Sie mit Schwächen umgehen sollten

Den meisten Menschen leuchtet ein, dass es sinnvoll ist, sich auf die eigenen Stärken und die der Mitarbeiter zu konzentrieren. Was aber heißt das für die Schwächen? Soll man die ignorieren? Natürlich müssen Sie sich auch mit Ihren Schwächen auseinandersetzen. Sie sollten wissen, was Sie können und was nicht. Nur wenn Ihnen neben Ihren Stärken auch Ihre Schwächen bewusst sind, umgehen Sie die Gefahr, einen Beruf oder eine Tätigkeit zu wählen, für dessen Hauptaufgaben Sie ungeeignet sind.

An welchen Schwächen Sie arbeiten sollten

An einer Schwäche arbeiten müssen Sie aber nur dann, wenn diese Sie trotz vorhandener Talente ernsthaft daran hindert, Erfolge zu erzielen. So ist beispielsweise ein gutes Zeit- und Selbstmanagement für fast jede Tätigkeit unabdingbar, egal ob Sie Kommissar, Manager oder Arzt sind. Wer seine Zeit nicht sinnvoll strukturieren und planen kann, wird schwerlich erfolgreich sein, selbst wenn die für den Beruf erforderlichen Talente vorhanden sind. Sogar Künstler, denen man am ehesten noch zugestehen wird, so etwas wie Selbstmanagement nicht zu benötigen, müssen ihre Kunstwerke zu einem bestimmten Zeitpunkt an einem gewissen Ort abliefern, wenn sie eine Ausstellung haben.

Wenn Sie an einer Schwäche arbeiten wollen oder müssen, steht die Frage nach deren Ursache am Anfang.

Wenn Ihrer Schwäche ein Mangel an Talent zugrunde liegt

Hier gibt es zwei Möglichkeiten: Wenn die fehlende Begabung entscheidend für Ihren Job ist, müssen Sie sich ein anderes Betätigungsfeld suchen. Sie können einen Mangel an Talent nur sehr begrenzt durch Wissen und Können ausgleichen. Selbst mit erheblichem Zusatzaufwand werden Sie kaum besser als der Durchschnitt. Mit sehr viel Fleiß werden Sie vielleicht sogar gut, aber niemals exzellent oder gar Maßstab setzend. Wenn das fehlende Talent für Ihren Job nötig, aber nicht entscheidend ist, können Sie das bis zu einem gewissen Grad durch Fleiß und Disziplin kompensieren. Das Angebot an Schulungen ist groß und es gibt zu jedem erdenklichen Thema Fachliteratur. Nehmen wir an, Sie müssen als Repräsentant Ihres Unternehmens gelegentlich an IHK-Empfängen und anderen Netzwerkveranstaltungen teilnehmen. Der dort übliche Smalltalk und die Kontaktaufnahme zu vielen verschiedenen Gesprächspartnern fallen Ihnen schwer. Was können Sie nun tun, um die fehlende Begabung zu kompensieren und Ihrer Rolle gerecht zu werden?

Kompensieren Sie nebensächliche Schwächen

Der erste Schritt besteht darin, sich die fehlenden Kenntnisse durch Lehrgänge oder mithilfe von Fachliteratur anzueignen. Eignen Sie sich also Kenntnisse über professionellen Smalltalk sowie Gesprächseinstiegs- und auch Ausstiegsformulierungen an. Der zweite und entscheidende Schritt ist aber, dieses erlernte Wissen auch diszipliniert anzuwenden. Sie sollten nicht unterschätzen, dass es eine Menge Energie kostet, eine Schwäche zu kompensieren. Das fehlende Talent sollte daher auch kein für Ihren Job notwendiges sein, weil sonst der Energieaufwand auf Dauer zu hoch wäre.

Neben der Kompensation besteht eine weitere Möglichkeit darin, eine Schwäche durch Delegation der entsprechenden Aufgaben an eine andere Person auszugleichen. Ein Mitarbeiter, der in diesem Bereich seine persönliche Stärke hat, wird die Aufgabe besser lösen, als sie es je könnten. Dieses Vorgehen ist völlig legitim und durchaus sinnvoll, solange es sich nicht um eine Ihrer Kernaufgaben handelt.

Die Delegation hat natürlich Grenzen. Mit der Tragweite der Ihnen obliegenden Entscheidungen steigt auch Ihre Verantwortung. Strategisches Denken können Sie beispielsweise an einen dafür talentierten Mitarbeiter delegieren, wenn das nicht gerade Ihre Hauptaufgabe als Leiter der Abteilung „Strategische Entwicklung" ist. Lassen Sie den Mitarbeiter einfach Zukunftsszenarien entwickeln und besprechen Sie diese mit ihm. Je weiter Sie allerdings in der Hierarchie nach oben kommen, desto wichtiger wird das strategische Denken, sodass es irgendwann für Sie zum Engpassfaktor wird und Sie es beispielsweise in wichtigen Meetings selbst können müssen. Aber erst dann ist es eine Schwäche, die Sie an der Erbringung einer hervorragenden Leistung hindert. Überlegen Sie daher immer, ob die Aufgaben einer neuen Karrierestufe sich noch mit Ihren Talenten decken.

Manche Schwäche kann man durch Delegieren nicht ausgleichen. Ein Mindestmaß an Einfühlungsvermögen gehört beispielsweise zu den unabdingbaren Fähigkeiten einer Führungskraft, die Sie durch Delegation nicht kompensieren können.

Wenn Ihre Schwäche durch fehlendes Wissen oder Können verursacht ist

Ein Mangel an Wissen oder Können lässt sich deutlich leichter ausgleichen als ein Mangel an Talent. Wissen und Können lassen lassen sich problemlos mit etwas Disziplin und Fleiß aneignen. Dies kann sogar Spaß machen, da es Sie in die Lage versetzt, bereits vorhandene Talente noch besser einzusetzen. Wenn Ihnen das Aneignen von Wissen und Können keinen Spaß macht oder Sie die Zeit dazu nicht haben, können Sie auch dies problemlos an einen Mitarbeiter delegieren.

In der Tat beherrschen Führungskräfte die Arbeiten Ihrer Mitarbeiter oft selbst nicht mehr. Das ist auch nur bedingt notwendig. Sie müssen nicht alles besser können, sondern dafür sorgen, dass bestimmte Aufgaben erledigt werden und die jeweils am besten geeignete Person dafür auswählen. Zumindest das wichtigste Wissen und Können für eine Führungskraft (siehe Groth 2010) sollten Sie aber verinnerlicht haben, denn Kernaufgaben lassen sich nicht delegieren.

Ist eine übertriebene Stärke eine Schwäche?

Man kann sich fragen, ob eine Stärke in übertriebenem Maße vorhanden sein und dadurch zu einer Schwäche werden kann. Wenn eine Führungskraft beispielsweise sehr einfühlsam ist, so ist das eine Stärke, weil sie sich auf ihre Mitarbeiter gut einstellen kann. Im Extremfall hat sie aber auch für das Fehlverhalten anderer zu viel

Verständnis und setzt notwendige Grenzen nicht. Sollte die Führungskraft also weniger einfühlsam sein? Die Antwort lautet: nein! Man kann eine natürliche Begabung nicht leugnen oder minimieren. Man kann aber etwas anderes maximieren, d. h. einen Gegenpol aufbauen. Der Gegenpol für Einfühlungsvermögen ist die Wahrnehmung der eigenen Interessen. Wenn die Führungskraft über sehr viel Einfühlungsvermögen verfügt, kann sie also als Ausgleich die Wahrnehmung und Durchsetzung der eigenen Interessen entwickeln. Sie muss also die positive Eigenschaft des Einfühlungsvermögens nicht minimieren, diese kann weiterhin genutzt werden.

Talent muss gegeben sein, wenn es fehlt, kann dies zum Engpass werden. Wissen und Können kann man sich aneignen.
Machen Sie sich Ihre Schwächen bewusst und suchen Sie sich eine Tätigkeit, in der diese keine Rolle spielen. Sie sollten sich einer Schwäche nur dann widmen, wenn diese Sie von einer hervorragenden Leistung in Ihrem Job abhält, für den Sie alle übrigen Anforderungen erfüllen. Gleichen Sie die Schwäche dann durch Disziplin oder Delegation aus.

30

30 MINUTEN

3. Führen Sie Ihre Mitarbeiter stärkenorientiert

Nachdem Sie erfahren haben, wie Sie Ihre eigenen Stärken entdecken können, besteht der nächste Schritt darin, sich die Stärken der eigenen Mitarbeiter bewusst zu machen. Die Beschäftigung mit den Talenten und Stärken Ihrer Mitarbeiter ist äußerst lohnend, denn nur so erreichen Sie Spitzenleistungen und eine hohe Motivation.

3.1 Wie Sie die Stärken Ihrer Mitarbeiter herausfinden

Was können Sie tun, um die Stärken Ihrer Mitarbeiter zu identifizieren?

Fragen Sie Ihre Mitarbeiter nach ihren Stärken
Um mit Ihren Mitarbeitern über deren Stärken ins Gespräch zu kommen, müssen Sie sich vorab mit den eigenen Stärken beschäftigt haben, damit Sie authentisch über das Thema reden und Beispiele anführen können.

Im Rahmen des Jahresgesprächs oder bei einem geson- derten Gesprächstermin können Sie dann auf die Stär- ken des Mitarbeiters zu sprechen kommen. Wundern Sie sich aber nicht, wenn es auch Ihrem Mitarbeiter schwer- fällt, seine Stärken klar zu benennen. Die meisten Men- schen kennen ihre Talente nicht und wissen auch nicht, wie man diese herausfindet. Deshalb ist es sinnvoll, wenn Sie dem Mitarbeiter vor einem solchen Gespräch das Kapitel 2 dieses Buches zu lesen geben, damit er sich schon im Vorfeld Gedanken machen kann.

Stellen Sie Coaching-Fragen

Sie selbst sollten sich zur Vorbereitung einige Fragen zurechtlegen, die Sie im Gespräch mit Ihrem Mitarbei- ter nutzen wollen.

Folgende Fragen können Sie stellen:
- Welche Talente haben Sie bei sich entdeckt?
- Was fällt Ihnen besonders leicht?
- Wo erzielen Sie regelmäßig sehr gute Ergebnisse, ohne sich dafür besonders anstrengen zu müssen?
- Wo hatten Sie bisher Ihre größten Erfolge? Auf wel- che Stärken führen Sie diese zurück?
- Welche Arbeit macht Ihnen am meisten Freude?
- Bei welcher Tätigkeiten vergessen Sie die Zeit?
- Wenn Sie Ihre Arbeit frei auswählen dürften, was würden Sie dann am liebsten tun?
- Welche Aufgaben bauen Sie auf bzw. geben Ihnen Energie?

- Welche Tätigkeiten erfüllen Sie mit Leidenschaft und Begeisterung?
- Bei welchen Aufgaben werden Sie von den Kollegen besonders oft um Rat gefragt oder um Hilfe gebeten?
- Wenn ich Ihren Ex-Chef Herr Müller/Kollege Schmidt/ Ihre Kundin Frau Meier/Ihren Mitarbeiter Herr Braun nach Ihren Stärken fragte, was würden diese antworten?

Vor allem die letzte Frage entlockt selbst den wortkargsten Mitarbeitern fast immer ein paar Stärken. Den meisten Menschen fällt es schwer, die direkte Frage nach ihren Stärken zu beantworten. Fragt man sie jedoch, was ihr Ex-Chef oder andere Personen als ihre Stärken ansehen, fallen ihnen meist entsprechende Zuschreibungen ein: „Er würde wahrscheinlich sagen, dass ich sehr gründlich bin und meine Vorgehensweise genau plane, bevor ich anfange." Diese Fragetechnik nennt man zirkuläres Fragen. Es ist eine erprobte Coaching-Technik, die Sie auch anwenden können. Setzen Sie dabei nach Möglichkeit immer die Namen von konkreten Personen ein. Eine Antwort fällt leichter, wenn man an eine bestimmte Person denkt.

Aber selbst wenn Ihre Mitarbeiter vor dem Gespräch das Kapitel über das Erkennen der eigenen Stärken gelesen haben und ausreichend Zeit zum Nachdenken hatten, sollten Sie nicht zu viel erwarten. Auch dann haben viele Mitarbeiter Mühe, die oben genannten Fragen zu beantworten und die eigenen Stärken klar auf den Punkt zu bringen. Selbstreflexion ist für viele Menschen schwierig. Deshalb sind nun Sie gefordert. Sagen Sie Ihrem Mitarbeiter, welche Stärken Sie an ihm wahrnehmen und diskutieren Sie Ihre Vorschläge gemeinsam.

Bevor Sie das tun, müssen Sie die Stärken analysiert haben:

Wie gut kennen Sie Ihre Mitarbeiter?

Wenn Sie Ihre Mitarbeiter regelmäßig beobachten und sich auch sonst für sie interessieren, sollten Sie folgende Fragen beantworten können:

- Wie geht es der Person in letzter Zeit?
- Wie zufrieden ist sie mit ihrer Arbeit?
- Welche Arbeiten macht die Person besonders gern?
- Welche Arbeiten führt sie ungern aus?
- Wofür haben Sie die Person das letzte Mal gelobt?

Falls Sie diese Fragen nicht beantworten können, könnte das ein Hinweis darauf sein, dass Sie bislang eher defizitorientiert führen.

Nehmen Sie sich Zeit zum Beobachten

Ohne eine gute Beobachtungsgabe werden Sie den Stärken Ihrer Mitarbeiter nicht auf die Spur kommen. Das ist jedoch leichter gesagt als getan, denn schließlich haben Sie im Arbeitsalltag mehr als genug zu tun. Da erfordert es schon einen zusätzlichen Aufwand, genau mitzubekommen, welche Arbeit die Mitarbeiter machen und wie sie diese leisten. Beobachten Sie, bei welchen Arbeiten Mitarbeiter erfolgreich sind und bei welchen sie den meisten Enthusiasmus zeigen.

Wenn Mitarbeiter ein Talent für eine Aufgabe besitzen, haben sie Freude an der Arbeit und das sieht man ihnen an. Weil Menschen gern Aufgaben ausführen, in denen ihre Stärken voll zur Geltung kommen, ist es leicht, sie genau dort zu fördern. Eine solche Entwicklung setzt bei den meisten Menschen viel Energie frei. Ohne Talent für eine Aufgabe ist es dagegen sehr mühsam für beide Seiten, hier eine Weiterentwicklung in Gang zu bringen. Gerade deswegen sollten Sie sich auf die Stärken Ihrer Mitarbeiter konzentrieren und nach diesen Ausschau halten.

Sie können auch darauf achten, zu welchen Themen Mitarbeiter einander um Hilfe bitten oder auf andere Personen verweisen („Da muss ich mal X fragen, der kann das am besten."). Außerdem können Sie darauf achten, ob Ihnen in Meetings und bei sonstigen Treffen wiederholt bestimmte Wahrnehmungs-, Denk- oder Verhaltensmuster bei Mitarbeitern auffallen, die sich konstruktiv für die Erreichung eines Ziels nutzen lassen.

Beobachten kostet nichts

Natürlich gibt es auch die Möglichkeit, Ihre Mitarbeiter geeignete Talenttests ausfüllen zu lassen, aber das ersetzt auf keinen Fall eine Auseinandersetzung mit den Menschen, die Sie führen. Außerdem muss der Einsatz von Stärkenfragebögen durch ein entsprechendes Coaching begleitet werden, damit Ergebnisse nachhaltig umgesetzt werden können. Das verursacht Kosten und muss im Zweifelsfall mit dem eigenen Vorgesetzten, der Personalabteilung und dem Betriebsrat abgesprochen werden.

Ihre Beobachtungen dagegen sind kostenlos und können sofort und jederzeit eingesetzt werden. Ein gewisser Zeitaufwand muss natürlich in Kauf genommen werden.

Manche Vorgesetzte glauben, dass es für die Mitarbeiter sehr unangenehm sein muss, beobachtet zu werden. Bedenken Sie jedoch, dass es einen erheblichen Unterschied macht, mit welcher Motivation Sie jemanden beobachten. Tun Sie dies, um Defizite herauszufinden oder Leistung zu kontrollieren, empfinden es die Menschen natürlich schnell als unangenehm. Beobachten Sie Ihre Mitarbeiter aber, um Ihre Talente und Stärken zu entdecken und sie zu fördern, wird das normalerweise nicht als unangenehm empfunden, denn Ihre Ausstrahlung ist eine andere und das merken Ihre Mitarbeiter.

Öffnen Sie Ihren Wahrnehmungsfilter für Talente

Vielleicht werden Sie jetzt einwenden, dass sie Ihre Mitarbeiter doch auch schon in der Vergangenheit beobachtet haben und deren Talente dennoch nicht kennen. Was also soll noch mehr Beobachtung bringen? Es kommt auf den richtigen Blickwinkel an. Die meisten Menschen sind der Überzeugung, dass Talente sich nur sehr schwer bis gar nicht wahrnehmen lassen. Wenn es überhaupt jemand beherrscht, dann vielleicht wenige speziell dafür ausgebildete Psychologen. Ich behaupte: Jeder kann es. Sie können es! Erinnern Sie sich: Ein Talent ist ein Wahrnehmungs-, Denk- oder Verhaltensmuster, das jemand dauernd wiederholt und das produktiv eingesetzt werden kann, um ein Ziel zu erreichen. Solche Muster sind der direkten Beobachtung zugänglich. Sie können herausfinden, was ein Mitarbeiter immer wieder sagt oder tut und worauf er wiederholt Wert legt.

Das Problem ist also nicht, dass man Talente nicht wahrnehmen kann, sondern dass die durchaus beobachtbaren Muster nicht durch unseren Wahrnehmungsfilter gelangen. Die Unzahl von Einzelheiten, die in einer Situation wahrnehmbar sind, werden individuell gefiltert, sodass jeweils nur ein winziger Bruchteil ins Bewusstsein vorgelassen wird. Wie können Sie nun Ihren Wahrnehmungsfilter für die Talente, also die wiederkehrenden Muster Ihrer Mitarbeiter öffnen? Die Antwort ist einfach: Durch Ihr Interesse! Ihr Filter öffnet sich für alles, was Sie interessiert. Ein Fußgänger registriert zum Beispiel nicht, dass er sich in einer Einbahnstraße befindet, ein Autofahrer dagegen nimmt Einbahnstraßen und Parkplätze, aber keine Straßenbahnhaltestelle wahr. Ihre Wahrnehmung filtert stets das heraus, was zu Ihren Interessen passt.

Beginnen Sie deshalb, sich für die Muster der Menschen in Ihrer Umgebung zu interessieren. Beobachten Sie Ihre Mitarbeiter unter diesem Blickwinkel. Führungskräfte meldeten nach Seminaren zu diesem Thema wiederholt zurück, dass sie auf einmal die Wahrnehmungs-, Denk- oder Verhaltensweisen von Mitarbeitern, die sie zum Teil schon über fünf Jahre kannten, entdecken konnten. Das ist eine frappierende Erfahrung. Probieren Sie es selbst aus und konzentrieren Sie sich für ein paar Wochen auf die Wahrnehmung von Mustern bei Ihren Mitarbeitern und bei sich selbst. Sie werden erstaunt sein.

Reflektieren Sie Ihre Beobachtungen

Beobachten allein reicht aber noch nicht. Sie müssen sich auch die Zeit nehmen, das Gesehene zu reflektieren. Vielen Führungskräften fällt das im Alltag schwer. Es bleibt einfach keine Zeit, um sich Gedanken über die Stärken der Mitarbeiter zu machen. Der Alltag frisst einen mit seinen vielen Ansprüchen auf und es bleibt bei guten Vorsätzen.

Deshalb empfehle ich Ihnen eine Gewohnheit, die eine Reihe legandärer Unternehmensgründer gemeinsam hatte. Gemeint sind damit die Herren Bosch, Daimler, Henkel, von Siemens, Porsche sowie 15 weitere Ihnen bekannte Namensgeber von Großunternehmen. Sie alle begannen morgens schon sehr früh zu arbeiten. Sie taten das aber nicht etwa, weil sie Frühaufsteher waren, denn das sind von ihrem Rhythmus her nur sehr wenige Menschen in der Bevölkerung, sondern weil nur in dieser Zeit ein völlig ungestörtes, konzentriertes Arbeiten möglich ist. Zwischen 06:00 und 08:00 Uhr sind auch Sie wahrscheinlich allein im Büro. Niemand ruft an, keiner kommt herein und Sie haben auch kein Meeting. Machen Sie es sich zur Gewohnheit, mindestens einmal in der Woche morgens sehr früh ins Büro zu gehen und sich zwei Stunden zu reservieren, um über die Stärken Ihrer Mitarbeiter und andere wichtige strategische Fragen nachzudenken.

Abends funktioniert das meist nicht mehr. Zwar haben Sie da vielleicht die Zeit zum Nachdenken, Sie unterliegen aber mittlerweile der zu schnellen Tagestaktung. Anders gesagt: Nach dem fünften hektischen Meeting schaffen Sie es nicht mehr, geistig zu entschleunigen. Sie denken am Ende eines stressigen Tages nicht eben mal entspannt über die Stärken Ihrer Mitarbeiter nach. Morgens dagegen läuft die innere Uhr noch langsam und Sie haben den Kopf noch frei, sich den Themen in Ruhe zu widmen. Tatsächlich ist die innere Ruhe der kritische Faktor. Sie müssen sich bildhaft vorstellen, wie Sie die Mitarbeiter wahrgenommen haben und wo vielleicht ein Talent liegen könnte. Für diese Besinnung ist die innere Ruhe wichtiger ist als intellektuelle Höchstleistung. Das Argument, man sei so früh morgens noch nicht so richtig klar im Kopf, zählt nicht. Im noch etwas müden Zustand gepaart mit innerer Ruhe erreichen Sie mehr als mit geistiger Fitness und innerer Hektik.

Diese Reflexion bedeutet natürlich Arbeit. Die Anfangsinvestition zahlt sich aber mit Zins und Zinseszins aus. Den schnellen, simplen Weg, die eigenen Mitarbeiter auf Stärken zu scannen, gibt es nicht. Gerade darum können Sie sich hier von den vielen demotivierenden Führungskräften absetzen, die nur defizitorientiert führen.

Verteilen Sie Aufgaben stärkenorientiert

Sie haben nun aufgrund Ihrer Beobachtungen eine Vermutung entwickelt, wo Ihr Mitarbeiter eine Stärke haben könnte, weil er bestimmte Aufgaben in der Vergangenheit bereits gut gelöst hat oder weil Ihnen an ihm bestimmte Wahrnehmungs-, Denk- oder Verhaltensmuster aufgefallen sind. Jetzt besteht der nächste Schritt darin, dem Mitarbeiter gezielt neue Aufgaben zu übertragen, bei denen diese Stärke oder dieses Talent eine wichtige Rolle für den Erfolg spielt. Beobachten Sie, wie er diese Aufgabe löst. Achten Sie auch darauf, wie viel Freude er bei der Aufgabe zeigt.

In der Praxis wird diese bewusste Vergabe von Aufgaben kaum praktiziert. Im Unternehmensalltag werden stattdessen oft Löcher gestopft: Wenn eine neue Aufgabe anfällt, bekommt derjenige sie auf den Schreibtisch, der gerade nicht hoffnungslos überarbeitet ist. Besser ist es, die (vermutete) Stärke des Mitarbeiteres zum Kriterium für die Erteilung der Aufgabe zu machen. Die Konsequenz der gezielten Vergabe von Aufgaben wäre, einem Mitarbeiter auch einmal eine Aufgabe nicht zu übertragen, da in Kürze eine besser für ihn geeignete Arbeit ansteht, für die er Zeit braucht.

Manche Führungskräfte haben Bedenken, dass mit der Einführung der stärkenorientierten Arbeitsverteilung jeder Mitarbeiter etwas anderes machen will, alle Aufgaben neu verteilt werden müssen und ein heilloses Chaos entsteht. Das ist nicht zu befürchten. Zum einen sind viele Mitarbeiter bereits auf einer für sie geeigneten Position und gehen also schon einer für sie passenden Tätigkeit nach. Zum anderen bedeutet der Ansatz des stärkenorientierten Führens selten eine radikale Veränderung des gesamten Umfelds, sondern eher eine

Optimierung des Bestehenden. Es bringt bereits sehr viel, wenn die bestehenden Aufgaben in Teilen umgestellt werden. Sie können es als Führungskraft mit einer besseren Verteilung der hereinkommenden Aufgaben schaffen, dass jeder Mitarbeiter zehn Prozent seiner Arbeitszeit mehr seinen Stärken entsprechend arbeiten kann. Dies bewirkt bereits einen riesigen Unterschied in der Motivation. Bezogen auf einen Achtstundentag entsprechen zehn Prozent nämlich 48 Minuten. Die Mitarbeiter haben jetzt jeden Tag eine Dreiviertelstunde (mehr als bisher) Arbeit, auf die sie sich freuen können. In dieser Zeit erzielen sie mit Leichtigkeit Erfolge und diese sind bekanntlich der stärkste Motivator. So steigern Sie Motivation und Produktivität.

Ein anspruchsvolles Projekt macht nicht jeden Mitarbeiter gleichermaßen glücklich. Wenn Mitarbeiter ihren Stärken entsprechend arbeiten können, fällt ihnen die Arbeit dennoch leicht, sie macht ihnen Freude und führt zu Erfolgen. Ihre Mitarbeiter brauchen keine Motivationsansprachen von Ihnen, wenn die Arbeit an sich ihnen Spaß macht. Nutzen Sie deshalb die stärkenorientierte Arbeitsverteilung, soweit es in Ihrer Macht steht.

Bedenken Sie aber, dass manche Menschen im ersten Augenblick keineswegs begeistert sind, wenn Sie Ihnen eine Aufgabe übertragen, die sie noch nie gemacht haben. Einige Menschen fühlen sich unwohl, sobald eine Aufgabe außerhalb ihres normalen Tätigkeitsbereiches liegt, in dem sie sich auskennen und kein Risiko befürchten müssen. Eine neue Herausforderung beinhaltet immer das Risiko des Scheiterns wie z. B. die erste Präsentation vor einer Gruppe. Hat man sie jedoch einmal oder gar mehrmals gemeistert, verschiebt sich die Tätigkeit in den normalen Aufgabenbereich und Ihre Mitarbeiter sind dankbar für die Wachstumschance, die Ihnen gegeben wurde. Leider kommt diese Dankbarkeit und Einsicht meistens erst nach der erfolgreichen Erfüllung der Aufgabe. Lassen Sie sich also nicht davon abbringen, einem Mitarbeiter eine neue Aufgabe zu geben, nur weil dieser nicht gleich begeistert ist. Wenn er wirklich Talent hat, wird sich seine Meinung schnell ändern.

Beobachten Sie Ihre Mitarbeiter bei der Arbeit und reflektieren Sie, wo mögliche Stärken liegen könnten. Geben Sie ihnen gezielt Aufgaben, um Ihre Vermutungen zu überprüfen. Führen Sie mit Ihren Mitarbeitern Gespräche über ihre Stärken und diskutieren Sie gemeinsam Ihre Beobachtungen sowie deren Selbsteinschätzungen.

3.2 Wie Sie stärkenorientierte Rückmeldung geben

Sie sollten Ihren Mitarbeitern mindestens einmal im Jahr in einem strukturierten Gespräch ein Feedback über die Stärken geben, die Sie an ihnen wahrgenommen haben. In einem solchen Gespräch können Sie alle

Ihre Beobachtungen zusammenfassen und auf den Punkt bringen.

Das Sieben-Phasen-Modell

Das Gespräch wird in sieben Schritten vorbereitet und durchgeführt:

1. Überlegen Sie sich im Vorfeld, was Sie an Ihrem Mitarbeiter beobachtet haben und welche Stärken Sie daraus ableiten. Machen Sie sich Notizen und überlegen Sie sich Beispiele für das Gespräch.

2. Laden Sie den Mitarbeiter zum Gespräch ein und bitten Sie ihn, sich mithilfe von Kapitel 2 in diesem Buch vorab selbst Gedanken über die eigenen Stärken zu machen.

3. Stellen Sie dem Mitarbeiter Sinn und Struktur des Gespräches dar und fragen Sie ihn anschließend, welche Stärken er bei sich selbst sieht. Sollte die Person für sich keine oder nur eine Stärke entdeckt haben, nutzen Sie die Fragen von Seite 44.

4. Anschließend geben Sie dem Mitarbeiter eine Rückmeldung, welche Stärken Sie bisher an ihm wahrgenommen haben.

5. Tauschen Sie sich über die von beiden Seiten genannten Stärken aus und stellen Sie Gemeinsamkeiten und Unterschiede fest.

6. Bei von beiden genannten Stärken überlegen Sie gemeinsam, wie sich diese durch neue Aufgaben oder Weiterbildung weiter ausbauen lassen. Vereinbaren Sie konkrete Maßnahmen.

7. Über Stärken, die nur von Ihnen oder nur vom Mitarbeiter genannt werden, machen Sie sich Notizen. Achten Sie in den kommenden Wochen besonders auf Gegebenheiten, die diese Vermutungen bestätigen oder widerlegen.

Geben Sie positive Rückmeldungen

Sie sollten sich angewöhnen, Ihren Mitarbeitern auch im Alltag regelmäßig positive Rückmeldungen zu deren Verhalten zu geben. Viele deutsche Führungskräfte tun dies kaum. Verglichen mit anderen Ländern, wie zum Beispiel die Niederlande, gibt es in Deutschland keine positive Feedbackkultur. Wie aber sollen Ihre Mitarbeiter ein Gefühl für ihre Talente bekommen, wenn sie keine Rückmeldung darüber erhalten, dass sie eine Aufgabe sehr gut und schneller als andere gelöst haben? Geben Sie Ihren Mitarbeitern deshalb regelmäßig positive Rückmeldungen, denn das unterstützt die Einführung einer stärkenorientierten Kultur. Ein Feedback im Alltag muss aber im Unterschied zum jährlichen Stärkengespräch nicht immer auf Stärken bezogen sein. Hier können Sie natürlich auch Dinge loben, die jemand nicht so gut kann, die er aber zum Beispiel durch Disziplin bewältigt hat. Insgesamt wird die Person aber sehr wahrscheinlich mehr positive Rückmeldungen zu den Aufgabengebieten bekommen, in denen die besonderen Stärken zum Tragen kommen.

Beachten Sie die wichtigsten Feedbackregeln

Loben Sie konkret. Geben Sie keine Lobpauschale („Gute Präsentation!"), sondern sagen sie Ihrem Mitarbeiter, was genau Ihnen gefallen hat: „Herr Müller, ich finde die Art sehr gut, wie Sie beim Kunden präsentiert haben. Sie benutzen eine sehr anschauliche Sprache und verwenden viele Beispiele. Außerdem wirken Sie auf mich dynamisch, weil Sie eine lebhafte Gestik einsetzen. Es macht Spaß, Ihnen zuzuhören!"

Loben Sie zeitnah. Manche Führungskräfte heben sich ein Lob zu lange für den „geeigneten" Moment auf: „Herr Müller, wissen Sie noch, Ihre Präsentation im letzten Monat, da fand ich ..." Erfahrungsgemäß freuen sich die Menschen aber am meisten, wenn sie direkt im Anschluss an eine erbrachte Leistung eine positive Bestätigung bekommen, denn dann ist die Situation noch emotional präsent und Ihr Lob hat eine wesentlich stärkere Wirkung.

Loben Sie ohne angehängte Kritik. Viele Vorgesetzte schaffen es nicht, ein Lob für eine sehr gute Leistung auszusprechen, ohne doch noch einen Verbesserungsvorschlag oder sogar noch einen kleinen Tadel einzubauen: „Herr Müller, Sie haben XYZ sehr gut gemacht, aber achten Sie bitte beim nächsten Mal auch noch darauf, dass ..." Die Kritik entwertet in der Wahrnehmung des Mitarbeiters das vorherige Lob.

Loben Sie eine für diese Person außergewöhnliche Leistung. Führungskräfte sollten weder zu viel noch zu wenig loben. Was aber ist das richtige Maß? Wenn Sie eine Leistung loben, die für die betreffende Person außergewöhnlich ist, so ist das angemessen und nutzt sich nicht ab. Vermeiden Sie es, für Banalitäten zu loben. Für Letztere können Sie sich natürlich bedanken, Sie sollten aber kein Feedback zur Art der Umsetzung geben.

Loben Sie auch eine langfristig erbrachte gute Leistung. Nicht in jeder Position haben Mitarbeiter die Möglichkeit, eine außergewöhnliche Einzelleistung zu erbringen. Halbtagskräften oder Mitarbeitern aus der Produktion sollten Sie aber natürlich auch gelegentlich ein positives Feedback geben. Nehmen Sie dafür die dauerhaft erbrachte gute Leistung zum Anlass.

Anerkennung ist eine wichtige Triebfeder

Eine Umfrage hat ermittelt, worunter die deutschen Arbeitnehmer aller Hierarchiestufen am meisten leiden. An erster Stelle stand unangefochten die Antwort: „Ich bekomme nicht genug Anerkennung." Anders formuliert: „Ich bekomme keine wertschätzende Rückmeldung zu meiner Arbeit." In kaum einem Land der Welt wird so wenig positives Feedback gegeben, wie in Deutschland.

Hier können Sie sich von anderen Führungskräften unterscheiden. Das heißt nicht, dass Sie Lob inflationär verteilen sollen. Loben Sie aber jede für die jeweilige

Person außergewöhnliche Leistung und geben Sie auch regelmäßig Feedback zu beobachteten Stärken und positivem Verhalten.

30 *Führen Sie mit Ihren Mitarbeitern mindestens einmal im Jahr ein strukturiertes Stärkengespräch und geben Sie auch im Alltag stärkenorientiertes Feedback.*

3.3 Wie Sie Ihr Team stärkenorientiert führen

Als Führungskraft führen Sie nicht nur Einzelpersonen, sondern Sie leiten auch Teams und stellen diese zusammen. Jahrzehntlange Forschungen lieferten hochinteressante Erkenntnisse über die Erfolgsfaktoren von besonders produktiven Teams (High Performance Teams).

Die Teamforschung zeigt klare Ergebnisse

Der Engländer Dr. Meredith Belbin untersuchte am renommierten Henley Management College die Gründe für den Erfolg oder Misserfolg von Teams. Bei seinen Untersuchungen stellte er aus Managern unterschiedliche Teams zusammen und betraute diese mit derselben Aufgabe. Dabei stellte er Teams aus Bestleistern, Normalleistern und gemischte Teams zusammen. Entgegen den Erwartungen brachten die Teams, die aus lauter Spitzenleuten zusammengesetzt wurden, keineswegs immer das beste Ergebnis. Dies war sogar eher die Ausnahme. In den meisten Fällen lagen gemischte oder sogar Normalleister-Teams vor den Bestleister-Teams. Erstaunlicherweise stellte sich heraus, dass weder die Intelligenz noch die bis dahin von einzelnen Teammitgliedern erbrachte Leistung der Schlüssel zu hoher Team-Performance ist.

Das gleiche Phänomen haben Sie sicherlich auch schon bei Fußballländerspielen beobachten können, bei denen die besten Spieler einer Nation sich in einer Mannschaft zusammenfinden. Diese Teams aus Superstars sind keineswegs stets erfolgreich und werden oft von Mannschaften mit deutlich schwächeren, aber dafür besser harmonierenden Spielern geschlagen. Worin also liegt der Erfolg eines Teams begründet?

Parallel und unabhängig von Dr. Belbin untersuchten die australischen Forscher Prof. Dr. Charles Margerison und Dr. Dick McCann bei Unternehmen wie Qantas, Hewlett-Packard (HP), Hong Kong Bank und BP Exploration an teilweise mehreren hundert bestehenden Teams, was die erfolgreichen von den weniger erfolgreichen unterscheidet.

Auf die Verteilung der Stärken kommt es an

Das Ergebnis war verblüffend: Es ist die Verteilung der Stärken im Team. Sowohl im Fußball als auch im Beruf sind Teams dann erfolgreich, wenn die Stärken der Teammitglieder unterschiedlich sind und sich ergänzen. Sind die Stärken mehrerer Teammitglieder dagegen gleich gelagert, potenzieren sich diese Stärken nur in seltenen Fällen, viel häufiger treten die Teammitglieder in Konkurrenz zueinander. Jeder will beweisen, dass er besser bzw. der andere nicht so gut ist, was zu vielen unfruchtbaren Detaildiskussionen führt. Statt einander zu unterstützen, werden Profilierungskämpfe ausgetragen und die Vorschläge der anderen angezweifelt. Welche Stärken in einem Team vorhanden sein müssen, damit es leistungsfähig ist, das sehen Margerison & McCann und Belbin ähnlich, auch wenn sie die einzelnen Rollen unterschiedlich benennen.

Acht Arbeitsfunktionen fallen bei komplexen Aufgaben an

Abgeleitet werden die Teamrollen bei dem Modell von Margerison & McCann aus den acht Arbeitsfunktionen, die bei jeder komplexeren Aufgabe anfallen:

Beraten:	Informationen beschaffen
Innovieren:	Mit diesen Informationen neue Ideen generieren
Promoten:	Menschen von dieser Idee überzeugen
Entwickeln:	Die Idee im Detail konkretisieren
Organisieren:	Die Abläufe zur Umsetzung der Idee planen
Umsetzen:	Die Idee in die Tat umsetzen

| Überwachen: | Die Qualität der Ideenumsetzung gewährleisten |
| Stabilisieren: | Für den Zusammenhalt des Teams bei der Ideenumsetzung sorgen |

Die acht Teamrollen

Aus diesen Arbeitsfunktionen ergeben sich die acht Rollen des Team Management Systems (TMS®), wobei eine Person im Team mehrere Rollen übernehmen kann:

- Berater
- Innovator
- Promoter
- Entwickler
- Organisator
- Umsetzer
- Überwacher
- Stabilisator

Die Begründer des Modells gehen davon aus, dass jeder Mensch eine Hauptrolle hat, die er in Teams sofort und bevorzugt übernimmt. Ist diese Rolle bereits durch ein anderes, sehr dominantes Teammitglied besetzt, können wir auf eine von zwei Nebenrollen ausweichen, die wir ebenfalls beherrschen. Jeder Mensch hat also eine Rolle, die ihm sehr leichtfällt und zwei Rollen, für die er sich ebenfalls eignet. Rein theoretisch könnte ein Team mit drei Personen bei einer Haupt- und zwei Nebenrollen pro Person sowie einer geschickten Verteilung alle acht Rollen abdecken. Wenn alle Teamrollen besetzt sind, harmoniert das Team und alle Arbeitsfunktionen werden gewährleistet.

Wenn jeder spezifische Stärken einbringt, die die anderen nicht haben, verlassen die Teammitglieder sich aufeinander und es entsteht keine Konkurrenz. Niemand zweifelt die Meinung des anderen an. Da offensichtlich ist, dass die Teampartner in ihren jeweiligen Rollen überlegen sind, werden sie nicht infrage gestellt. Dieses gegenseitige Vertrauen begünstigt ein produktives Klima und die Zusammenarbeit im Team. Die Teammitglieder müssen sich nicht unnötig profilieren.

Besetzen Sie bei Projekten alle wichtigen Rollen

Beispiel: Sie wollen in einem Unternehmen eine Software wie SAP einführen. Dafür brauchen Sie natürlich SAP-Experten („Berater"). Da das Programm bereits existiert, geht es hauptsächlich um die Spezifikation für die Kundenbedürfnisse („Entwickler") sowie die Organisation („Organisator") und die eigentliche Implementierung („Umsetzer") des Programms. Diese Rollen sind offensichtlich. Da Sie aber auch die betroffenen Abteilungen für das Projekt gewinnen müssen, wäre es gut, wenn Sie jemanden im Team hätten, der andere Menschen überzeugen kann („Promoter"). Sicherlich wird es bei der Umsetzung des Projekts auch Widerstand und Probleme geben. Hier wäre es von Vorteil, jemanden zu haben, der auch in schwierigen Zeiten eine gute Beziehung zu anderen aufbauen bzw. erhalten kann („Stabilisator").

Nicht oder mehrfach besetzte Rollen können Probleme erzeugen

Nehmen wir einmal an, ein Team aus 6 Personen hat lediglich einen Innovator. Dann werden die anderen Teammitglieder wahrscheinlich recht schnell dessen Einfallsreichtum anerkennen und ihm bevorzugt kreative Aufgaben übertragen. Gibt es dagegen drei Innovatoren in einem Team, will jeder von ihnen die beste Idee haben. Gleichzeitig besteht die Gefahr, dass die Ideen der anderen schlechtgemacht werden. Bei Teams mit unterschiedlich verteilten Stärken passiert dies weniger.

Schwierig ist es auch, wenn einzelne Rollen gar nicht besetzt sind. Dazu ein Beispiel: Eine Kreativagentur verfügte über eine ausgezeichnete Auftragslage, weil sie viele Innovatoren beschäftigte, die hervorragende

Ideen produzierten, und Promotoren, die die Kunden von diesen Ideen überzeugten. Trotzdem ging sie fast pleite, weil niemand im gesamten Unternehmen die Rolle des Überwachers übernehmen wollte. Die Folge war, dass oft über Monate niemand eine Rechnung schrieb. Das Unternehmen lief daraufhin in eine fast tödliche Liquiditätsfalle.

TMS® wird hier nur stark verkürzt dargestellt (ausführliche Literatur finden Sie im Anhang), weil dadurch nur eine Grundaussage veranschaulicht werden soll:

Setzen Sie Teams stärkenorientiert zusammen

Teams funktionieren dann gut, wenn die Mitglieder des Teams unterschiedliche Stärken einbringen und wenn das Team sich so weit formiert hat, dass die Mitglieder die Rollen und Stärken der anderen kennen und darauf vertrauen.

Für Sie als Führungskraft bedeutet das, dass Sie Teams für neue Aufgaben und Projekte in Zukunft noch stärker nach dem Kriterium der Stärken zusammenstellen müssen.

Üblicherweise werden in der Praxis Teams hauptsächlich aufgrund von zwei Kriterien gebildet:

- Welcher Mitarbeiter hat (fast unabhängig von der Qualifikation) überhaupt Zeit bzw. freie Kapazitäten, um an der Aufgabe/dem Projekt teilzunehmen?
- Welche fachlichen Fähigkeiten sind erforderlich, um diese Aufgabe zu lösen. Wer hat diese?

Ein drittes Kriterium sollte im Sinne des stärkenorientierten Führens berücksichtigt werden:
Welche weiteren Stärken brauche ich im Team, damit die Teammitglieder sich ergänzen und erfolgreich zusammenarbeiten?

Stellen Sie sich drei Fragen zum Team

Bei der Beantwortung der Frage nach den für das Team notwendigen Stärken sollten Sie neben den acht TMS®-Rollen auch einfach Ihren gesunden Menschenverstand nutzen. Fragen Sie sich:

- Welche Fähigkeiten sind notwendig, um diese Aufgabe zu lösen. Wer hat diese?
- Welche Probleme tauchen typischerweise auf? Wer kann damit gut umgehen?
- Welche Person würde das bestehende Team mit ihren Eigenschaften sinnvoll abrunden?

Beobachten Sie Ihre Mitarbeiter und führen Sie regelmäßige Stärkengespräche.
Teams sind dann erfolgreich, wenn sich die einzelnen Teammitglieder mit ihren jeweiligen Stärken ergänzen. Wenn dieselbe Stärke bei mehreren Teammitgliedern ausgeprägt ist und andere wichtige Eigenschaften fehlen, treten die Teammitglieder wahrscheinlich miteinander in Konkurrenz, während gleichzeitig wichtige Teamaufgaben nicht gelöst werden.

30MINUTEN

Wie finden Sie Mitarbeiter mit
den benötigten Stärken?

Wie können Sie die Karrierewege
in Ihrem Unternehmen flexibel
gestalten?

Warum sollten Sie vor allem
Bestleister fördern?

4. Führen Sie Ihr Unternehmen stärkenorientiert

Nachdem Sie sich im letzten Kapitel damit befasst haben, wie Sie Ihre Mitarbeiter stärkenorientiert führen, geht es nun darum, was auf Unternehmensebene für die Entwicklung einer Stärkenkultur getan werden kann. Alle hier angesprochenen Schritte sind für Sie als Führungskraft relevant und können auch von Ihnen allein umgesetzt werden. Ihre ganze Kraft entfalten diese Ideen aber erst dann, wenn sie unternehmensweit angewendet werden.

4.1 Wie Sie neue Mitarbeiter stärkenorientiert auswählen

Nehmen wir an, Sie wollen neue Mitarbeiter für verschiedene Funktionen einstellen. Wie gehen Sie bei der Auswahl vor, wenn Sie die Stärkenorientierung auch hier umsetzen wollen?

Identifizieren Sie die benötigten Talente

Als Erstes überlegen Sie sich, welche Talente, also welche Wahrnehmungs-, Denk- oder Verhaltensmuster, für die zu besetzende Position förderlich sind. Welche Fähigkeiten braucht ein Bewerber, um die Hauptaufgaben der neuen Stelle optimal erfüllen zu können? Welche Eigenschaften muss er mitbringen?

Schreiben Sie keine lange Wunschliste, sondern beschränken Sie sich auf die Kernkompetenzen. Es sind wenige Fähigkeiten, die wirklich entscheidend sind. Das Gallup-Institut hat beispielsweise ermittelt, was einen guten Barkeeper ausmacht. Im Rahmen der Untersuchung wurden die erfolgreichsten Barkeeper einer weltweiten Hotelkette, deren Barumsätze die der Kollegen um ein Vielfaches übertrafen, über einen bestimmten Zeitraum beobachtet. Man wollte herausfinden, warum der Umsatz einiger weniger Barkeeper so hoch war. Was glauben Sie war das Ergebnis?

Es stellte sich heraus, dass diese Barkeeper etwas konnten, was die meisten Kollegen nicht beherrschten: Sie merkten sich die Namen ihrer Stammgäste und deren jeweiliges Lieblingsgetränk. Manche von ihnen konnten sich über 300 Namen mit dem dazugehörenden Getränk merken! Der Effekt war, dass die Stammgäste der Hotels bei jedem Aufenthalt „ihren Barkeeper" besuchten, der sie sichtlich erfreut mit Namen begrüßte und ihnen unaufgefordert ihr Lieblingsgetränk servierte. Würden Sie als Hotelgast bei Ihrem nächsten Aufenthalt wieder in diese Bar gehen?

Übertragen Sie dieses Beispiel auf Ihre Arbeit. Welches ist die wichtigste Stärke für die Stelle, die Sie besetzen wollen? Welche Begabung macht den Unterschied?

Suchen Sie keine eierlegenden Wollmilchsäue

Wie gehen die meisten Unternehmen bzw. Personalverantwortlichen bei der Einstellung neuer Mitarbeiter vor? In den Unternehmen gibt es für die verschiedenen Positionen Stellenbeschreibungen. Wenn eine neue Stelle ausgeschrieben werden soll, nimmt man diese Beschreibung zur Hand und fertigt eine Liste mit zehn oder mehr Eigenschaften an. Bestimmte Schlagwörter wie zum Beispiel „Teamplayer", „Flexibilität" und „selbstständiges Arbeiten" sind fast immer dabei. Die Folge der vielen Anforderungen ist, dass Kandidaten gesucht werden, die zu viele Eigenschaften mitbringen sollen. Was erreichen Sie damit? Mittelmaß! Sie suchen und finden Bewerber, die alles ein bisschen, aber das Wesentliche nicht richtig können. Sinnvoller wäre es, wenn die Auswahlkommission sich vorher überlegen würde, welches die zentralen Merkmale sind, die jemand für diesen speziellen Job benötigt, und die Kandidaten daraufhin auswählt, statt eine bunte Liste von Eigenschaften aufzustellen, von denen die meisten letztendlich nebensächlich sind.

Orientieren Sie sich an den Talenten der Besten

Wie bekommen Sie heraus, welche Kompetenzen wirklich wichtig sind für einen Job? Eine sehr gute Möglichkeit besteht darin, sich wie bei den Barkeepern anzuschauen, was die Besten in dieser Tätigkeit vom Durchschnitt unterscheidet. Dafür können Sie die Leistungsträger in Ihrem Bereich einfach befragen. Oft wissen diese aber leider selbst nicht, wodurch der deutliche Unterschied zu ihren Kollegen zustande kommt. Hätten Sie beispielsweise einen der erfolgreichen Barkeeper gefragt, warum er so viel Umsatz macht, hätte er vielleicht erwidert, es liege am Standort des Hotels. Woher soll er wissen, dass der entscheidende Faktor die Ansprache der Gäste mit Namen und das Servieren des bevorzugten Getränks ist? Genauso geht es vielen Ihrer Bestleister. Sie wissen selbst nicht unbedingt, wo der Unterschied zwischen ihnen und den Normalleistern liegt. Beobachten Sie deshalb Ihre besten Mitarbeiter und deren Verhalten und vergleichen Sie es mit dem der anderen.

Der eine oder andere mag sich jetzt fragen, ob die Leistungsträger eine solche Beobachtung überhaupt zulassen. Meine Erfahrung ist, dass sie sich oft sogar geehrt fühlen, wenn man ihnen sagt, worin der Anlass und das Interesse für die Beobachtung besteht, denn das ist ja in der Tat ein Kompliment.

Stellen Sie die richtigen Fragen

Mithilfe Ihrer Beobachtungen der Bestleister oder auch mit Ihrem gesunden Menschenverstand können Sie jetzt definieren, welches die zentralen Kompetenzen bzw. Stärken sind, die ein Bewerber mitbringen sollte.

Auf diese Eigenschaften können Sie im Bewerbungsgespräch anhand folgender Fragen gezielt eingehen:

- Wie schätzen Sie sich bezogen auf die Eigenschaft XYZ selbst ein?
- Wo stufen Sie sich bei dieser Eigenschaft auf einer Skala von 1 bis 10 ein? 1 bedeutet „diese Eigenschaft besitze ich kaum" und 10 „diese Eigenschaft ist meine größte Stärke".
- In welcher Situation in Ihrem Leben ist Ihnen diese Eigenschaft das erste Mal bewusst geworden?
- Wie haben Sie diese Eigenschaft in Ihrem beruflichen Werdegang eingesetzt?
- Welches war Ihr größter Erfolg bezogen auf diese Eigenschaft?
- Nennen Sie mir ein Beispiel dafür, wo Sie diese Eigenschaft in den letzten Tagen gezeigt haben?

Achten Sie auf alltägliche Beispiele für Talente

Besonders die letzte Frage ist wichtig und macht Bewerbern, die die gesuchte Eigenschaft tatsächlich mitbringen und sich dessen bewusst sind, zumeist keine Probleme, denn unsere Talente setzen wir dauernd ein. Wenn sich jemand beispielsweise durch Kontaktfreudigkeit auszeichnet, dann lebt er das täglich und kann dementsprechend sofort Beispiele nennen. Wahrscheinlich hat derjenige während der fünf Minuten, die er auf das Gespräch mit Ihnen gewartet hat, schon die Mitarbeiterin in Ihrem Vorzimmer kennengelernt. Genauso verhält es sich mit allen anderen Talenten. Wer ein Talent hat und sich dessen bewusst ist, findet schnell aktuelle Beispiele.

Konzentrieren Sie sich bei der Auswahl neuer Mitarbeiter auf wenige ausschlaggebende Eigenschaften. Beobachten und befragen Sie die Bestleister in der gleichen Funktion, welche Begabung diese so erfolgreich macht. Überprüfen Sie anschließend im Vorstellungsgespräch durch geschicktes Fragen, ob der Bewerber die gesuchte Stärke mitbringt.

4.2 Wie Sie Mitarbeiter stärkenorientiert weiterentwickeln

Es gibt in Deutschland erstaunlich wenige Unternehmen, die ihre Mitarbeiter gezielt in ihren Stärken fördern. Eine dieser Firmen ist das Unternehmen 3M Deutschland GmbH, das 2007 einen Kulturwandel in Richtung Stärkenorientierung angestoßen hat. Die Ergebnisse sind neben einer deutlichen Gewinnsteigerung (16 Prozent allein im ersten Halbjahr 2011) die Wahl zum besten Arbeitgeber in Deutschland in den Jahren 2010 und 2011 sowie der Gewinn des Deutschen Personalwirtschaftspreises 2011.

Der Best-Fit-Ansatz

Bei 3M verfolgt man den Best-Fit-Ansatz. Dieser gilt als erreicht, wenn

- Mitarbeiter ihren Stärken entsprechend eingesetzt sind,
- Aufgaben sich so gestalten, dass sie den Stärken des jeweiligen Mitarbeiters entsprechen,
- Projektteams so zusammengestellt sind, dass sich die Stärken der Teammitglieder ergänzen, und
- die Personalplanung einer stärkenorientierten Strategie folgt.

Um diesen ganzheitlichen Ansatz umzusetzen, haben sich die 3M-Führungskräfte aller Ebenen in Seminaren zum Thema „Stärkenorientiertes Führen" weitergebildet. Auch die Mitarbeiter können Seminare besuchen, in denen sie beraten werden, wie sie ihre Stärken analysieren.

Anlässlich der jährlichen Mitarbeitergespräche wird grundsätzlich auch immer über Stärken gesprochen. Ergänzend wurden gesonderte Stärkengespräche etabliert.

In diesen Gesprächen gibt die Führungskraft dem Mitarbeiter eine Rückmeldung darüber, welche Stärken sie wahrgenommen hat. Beide diskutieren dann gemeinsam das persönliche Stärkenprofil des Mitarbeiters. Zur Vorbereitung des Gesprächs werden die Mitarbeiter gebeten, sich über ihre Stärken Gedanken zu machen. Die Vorbereitungsfragen von 3M finden Sie in der doppelseitigen Abbildung auf Seite 86.

Ermöglichen Sie Karriere ohne Führungsfunktion

Eine weitere Möglichkeit für Stärkenorientierung auf Unternehmensebene besteht darin, Karrierewege ohne Führungsfunktion anzubieten. In vielen Firmen ist es üblich, dass eine Karriere immer auch mit Führungsverantwortung verbunden ist. Dass jemand aufgrund seiner hohen fachlichen Leistung zur Führungskraft befördert wird und dann genau daran scheitert, ist aber kein Einzelfall. Die Tatsache, dass ein Mitarbeiter eine Aufgabe fachlich mit hoher Kompetenz lösen kann, sagt nichts über seine mögliche Führungskompetenz. Anders gesagt: Ein guter Golf-Spieler ist noch lange kein guter Golf-Trainer.

Das bringt manchen Mitarbeiter in ein Dilemma. Auf der einen Seite hat nicht jede sehr begabte Person Interesse daran, Führungskraft zu werden und damit Führungsverantwortung zu übernehmen. Auf der anderen Seite würde eine Entscheidung gegen einen Aufstieg auf die Führungsebene den Verdienstmöglichkeiten und dem Fortkommen in den meisten Unternehmen enge Grenzen setzen. Besser wäre es für fachlich exzellente Mitarbeiter ohne Führungsambitionen und für das Unternehmen, wenn verschiedene Karriereoptionen zur Wahl stehen würden.

Bieten Sie unterschiedliche Karrierepfade an

So gibt es zum Beispiel in der Deutschen Börse AG drei Karrierepfade, die gleichermaßen angesehen sind:
- Führungskraft in der Linie,
- abteilungsübergreifendes Projektmanagement und
- die Expertenlaufbahn.

Während man als Führungskraft vom Mitarbeiter über den Teamleiter zum Abteilungsleiter aufsteigt, führt man eine immer größere Anzahl an Menschen. Im Projektmanagement arbeitet man sich dagegen vom Mitarbeiter über den Project Manager bis zum Senior Project Manager hoch und führt dabei konstant kleinere Teams. Es steigt aber die Verantwortung und die Komplexität der Projekte. In der Expertenlaufbahn entwickelt man sich vom Mitarbeiter über den Expert bis hin zum Senior Expert, ohne jemals Mitarbeiter zu führen.

Gehalt und Ansehen von Abteilungsleitern, Senior Project Managern und Senior Experts sind vergleichbar. So sichert sich das Unternehmen seine besten Leute, weil diese nicht gezwungen sind, um der Karriere willen Menschen zu führen, obwohl das nicht zu ihren Stärken gehört. Jeder Mitarbeiter wird seinen Talenten entsprechend gefördert und entwickelt.

Flexible Gehaltsbänder schaffen Freiräume

Eine zusätzliche Möglichkeit, Mitarbeiter in ihren Stärken zu entwickeln und obendrein zu motivieren, besteht darin, Überschneidungen bei der Gestaltung von Gehaltsbändern zuzulassen. Auf diese Weise kann jemand, der in seiner Position exzellente Arbeit leistet, mehr verdienen als jemand, der auf der nächsthöheren Karrierestufe noch neu und unerfahren ist.

Nehmen wir als Beispiel einen Mitarbeiter im Vertrieb: Manche Unternehmen begrenzen das Gehalt der Mitarbeiter in diesem Bereich. Wenn ein Spitzenverkäufer bereits bei der höchsten ihm möglichen Gehaltsstufe angelangt ist, muss er Führungsverantwortung übernehmen, wenn er mehr verdienen will, auch wenn ihm das als Person gar nicht liegt. Was passiert im ungünstigsten Fall? Der Spitzenverkäufer kann seiner geliebten Arbeit nicht mehr nachgehen, verliert den direkten Kontakt zu seinen Kunden und muss sich stattdessen mit den Problemen seiner Mitarbeiter herumschlagen. Das Unternehmen verliert nicht nur seinen besten Verkäufer, sondern bekommt vielleicht sogar gleichzeitig eine schlechte Führungskraft hinzu. Hier fördert das starre Gehaltssystem geradezu, dass beide Seiten Verlierer werden. Flexible und überlappende Gehaltsbänder erlauben dagegen, dass ein hervorragender Verkäufer mehr verdient als ein junger Filialleiter.

Warum sollte sich dieses Modell nicht auch auf andere Unternehmensbereiche übertragen lassen? Wieso soll ein herausragender, erfahrener IT-Experte nicht mehr verdienen als der noch unerfahrene Leiter der EDV? Flexible Gehaltsbänder erlauben es, einen Mitarbeiter dort zu entwickeln, wo es für ihn und das Unternehmen am sinnvollsten ist.

Orientieren Sie sich am Best-Fit-Ansatz. Koppeln Sie Karriere im Unternehmen von der Führungsverantwortung ab und führen Sie flexible Gehaltsbänder ein.

30

4.3 Wie Sie mit Best- und Minderleistern umgehen

Wie viel Zeit widmen Sie Ihren Bestleistern? Viele Führungskräfte kümmern sich kaum um ihre besten Leute, weil diese die erwartete Leistung bereits erbringen. Stattdessen befassen sie sich zu viel mit Minderleistern. Sehen wir uns dazu ein Beispiel aus dem Leistungssport an.

Investieren Sie Zeit in die Besten
Mit welchen Spielern beschäftigt sich der Trainer einer Bundesliga-Mannschaft am meisten? Verbringt er den

Großteil der Zeit mit den Spielern auf der Ersatzbank, um diese auf das Niveau der Stammspieler zu bringen? Nein, am meisten Zeit widmet er selbstverständlich dem Coaching seiner Topspieler. Oberstes Ziel ist es, dass diese eine noch bessere Leistung erbringen. Übertragen auf Ihre Mitarbeiter-Mannschaft heißt das: Gerade Ihre besten Leute haben sehr wahrscheinlich Talente, die noch ausgebaut und verfeinert werden können, weil noch ungenutztes Potenzial vorhanden ist.

Auch wer Talent hat, muss üben und benötigt einen Coach, um zur absoluten Spitzenklasse zu gehören. Michael Schumacher, Vladimir Horowitz und Garri Kasparow wären nie so gut geworden, wie sie waren, wenn sie nicht trainiert hätten und ihnen gute Betreuer, Lehrer und Trainer nicht dabei geholfen hätten. Dank dieser Mühen sind sie heute Vorbilder und Idole vieler Menschen. Die Besten setzen den Maßstab, an dem sich die anderen orientieren. Erlauben Sie als Führungskraft nicht, dass sich in Ihrem Bereich Mittelmaß als Standard durchsetzt, sondern fördern Sie die Besten und legen sie damit die Messlatte für alle höher.

Erinnern Sie sich an das Talent der besten Barkeeper? Diese konnten sich Namen und Lieblingsgetränke einer großen Anzahl von Stammgästen merken. Nachdem man das herausgefunden hatte, wurde ein Club für die erfolgreichsten Barkeeper gegründet. Die Besten kamen in den 300er-Club und wurden gezielt gefördert.

Der Einsteiger-Club begann bei 100 Gästenamen. Stellen Sie sich vor, man bringt den Top-Barkeepern im 300er-Club noch die besten Gedächtnistechniken bei. Was glauben Sie, könnte dabei wohl herauskommen?

Mittlerweile sind die besten Barkeeper der Hotelkette im 3.000er-Club, während neue Barkeeper sich die erste Anstecknadel des Einsteiger-Clubs überhaupt erst bei 300 Gästenamen verdienen können.

Wenn Sie Ihre besten Leute entwickeln, geht der Schnitt der gesamten Belegschaft nach oben, weil man sich an den Besten orientiert!

Vom Umgang mit Minderleistern

Eine der schwierigsten Fragen für Führungskräfte ist die Frage nach dem Umgang mit Minderleistern. Ist es sinnvoll, sie zu coachen, ihnen neue Aufgaben oder eine andere Position zu geben, oder ist es sinnvoll, ihnen zu kündigen? Diese Frage lässt sich mithilfe folgender Leistungsformel differenzierter beantworten:

$$\text{Leistung} = \text{Wollen} \times \text{Können} \times \text{Dürfen}$$

Eine Leistung wird dann erbracht, wenn jemand den Willen hat, etwas zu leisten, über die Fähigkeit verfügt, eine Aufgabe auszuführen, und auch die Möglichkeit bekommt, dies zu tun. Diese drei Größen werden miteinander multipliziert. Ist einer der drei Faktoren gleich null, ist auch das Ergebnis gleich null. Wenn jemand keine Leistung erbringt, kann das also verschiedene Ursachen haben: Er will nicht, er kann nicht oder er darf nicht.

Natürlich gibt es in fast jedem Unternehmen notorische Leistungsverweigerer oder chronische Minderleister, die nur auf den eigenen Vorteil bedacht sind und nicht im Geringsten unternehmerisch denken. Von solchen Mitarbeitern muss man sich trennen. Allerdings gibt es von dieser Art Mitarbeiter weit weniger, als viele Führungskräfte annehmen. Die meisten Menschen wollen etwas leisten. Stellen Sie sich deshalb die Frage, was Sie als Führungskraft tun können, um einem Mitarbeiter zu ermöglichen, Leistung zu erzielen.

Mitarbeiter erklären übrigens bei zu geringer Leistungsbilanz oft, es liege nicht an ihrem Wollen. Vielmehr habe man ihnen nicht die nötigen Kenntnisse und Fähigkeiten vermittelt oder nie eine echte Gelegenheit zur Umsetzung gegeben. Führungskräfte dagegen sind meistens der Ansicht, der Mitarbeiter habe genügend Chancen bekommen, und nehmen an, der Mitarbeiter wolle oder könne nicht. Welcher der drei Faktoren in der Leistungsformel der begrenzende ist, müssen Sie als Führungskraft herausfinden. Voraussetzung ist dabei die Fähigkeit, auch das eigene Verhalten kritisch zu reflektieren, denn in der Tat trägt die Führungskraft durch ihr Verhalten oft selbst zu einer Leistungsminderung bei. Diesen eigenen Anteil zu erkennen, fällt aber vielen Manager schwer. Umso mehr merken es dafür die Mitarbeiter.

Wenn Mitarbeiter nicht wollen

Viele Vorgesetzte gehen von einer falschen Annahme aus. Sie denken, dass man jeden Job lernen und ausführen kann, wenn man es wirklich will. Dass diese Annahme nicht zutrifft, wissen Sie mittlerweile. Wenn jemand kein Talent für eine Aufgabe hat, fällt der Person die Ausführung trotz aller Anstrengung schwer, und sie muss sich Tag für Tag überwinden. Es liegt also in vielen Fällen eben nicht am Wollen, sondern am Können des Mitarbeiters. Wenn ein Mensch dagegen ein Talent für seine Arbeit hat, aber trotzdem keine Leistung erbringt, könnte es sein, dass er innerlich gekündigt hat. Einer der drei häufigsten Kündigungsgründe in Unternehmen sind Probleme mit dem eigenen Vorgesetzten. Nicht selten landet dieser Grund sogar auf Platz 1. Manche Führungskräfte verhalten sich aus Sicht der Mitarbeiter so demotivierend, dass sie die Freude an der Arbeit und an Leistung verlieren. Überlegen Sie sich also zuerst einmal, ob Sie selbst vielleicht einen Teil dazu beitragen, dass der Mitarbeiter demotiviert ist und Dienst nach Vorschrift macht.

Wenn Mitarbeiter nicht können

Wenn ein Mitarbeiter in seiner Position noch nie eine gute Leistung erbracht hat, liegt dies vielleicht tatsächlich am mangelnden Talent. Manchmal ist aber auch die Begabung vorhanden, es fehlen aber ausreichendes Wissen und Erfahrung. Dieses Problem ist leicht zu beheben, sobald es erkannt ist. Mitarbeiter, die für eine Aufgabe talentiert sind, eignen sich die nötigen Kenntnisse und entsprechende Erfahrung meist mit Interesse selbst an. Wenn Sie bei einem Mitarbeiter einen Mangel an Talent für seine Aufgabe vermuten, sollten Sie sich fragen, ob er mit anderen Aufgaben vielleicht eine bessere Leistung erbringen könnte. Unter Umständen macht es auch Sinn, ihn in einen anderen Bereich zu versetzen, in dem sein Potenzial besser genutzt wird und er mehr Freude an der Arbeit hat.

Wenn Mitarbeiter nicht dürfen

Eine letzte Möglichkeit besteht darin, dass der Mitarbeiter zwar den nötigen Willen und auch Talent mitbringt, leider aber keine Möglichkeit bekommt, sein Können unter Beweis zu stellen. Der Vorgesetzte gibt ihm die entsprechenden Aufgaben nicht, weil er sie ihm trotz vorhandener Fähigkeiten nicht zutraut oder sie einfach lieber selbst erledigt. Viele Führungskräfte geben unangenehme Aufgaben an die Mitarbeiter ab, wollen aber die aufregenden und spannenden Tätigkeiten nicht delegieren. Manchmal ist auch die Art der Delegation unzureichend. Einige Manager geben statt klarer Ziele mit der Freiheit, den Weg dorthin selbst zu gestalten, lieber detaillierte Schritte vor. Im Qualitätsmanagement nennt man das eine Arbeitsanweisung.

Der Chef setzt seine bisherige Vorgehensweise als Standard. Der Mitarbeiter soll diese Vorgehensweise übernehmen und nach jedem Schritt eine Zwischenmeldung geben, die der Vorgesetzte dann genehmigt. Der Mitarbeiter hat also keine Entscheidungsbefugnisse, trägt aber die volle Verantwortung, wenn etwas schiefgeht. Diese ohnehin schon demotivierende Situation wird manchmal noch weiter verschlimmert, indem der Chef dem Mitarbeiter bis ins kleinste Detail in die Arbeit hineinredet. Der Mitarbeiter hat in einem solchen Fall – zu Recht – den Eindruck, dass er nicht darf, denn er ist tatsächlich nur pro forma Projektleiter. Die Führungskraft bildet sich oft ein, dem Mitarbeiter mit den kleinlichen Arbeitsanweisungen eine echte Chance zur Bewährung zu geben.

Achten Sie bei der Personalauswahl auf die Stärken, die Sie im Unternehmen benötigen. Gestalten Sie Ihre Unternehmensstruktur flexibel und stärkenorientiert.
Investieren Sie Zeit, um Bestleister zu Spitzenleistungen zu führen. Bei Mitarbeitern mit geringer Leistung sollten Sie beobachten, ob der Grund für die schlechten Ergebnisse im Wollen, Können oder Dürfen liegt. Überlegen Sie selbstkritisch, welchen Anteil Sie als Führungskraft daran haben.

30

Persönliches Stärkenprofil von 3M

Mitarbeiter

Beispiele Leitfragen ▶	Persönliche Stärken ▶
Welche Aufgaben/Tätigkeiten liegen mir?	z. B. hohe Begeisterungsfähigkeit
Welche Dinge/Tätigkeiten fallen mir leicht/sind mir in der Vergangenheit leicht gefallen?	
Welche Dinge/Aktivitäten haben mir schon immer viel Spaß gemacht und wodurch zeichne ich mich darin aus?	
Bei welchen Aufgaben/Tätigkeiten vergesse ich die Zeit/bin ich ganz „in meinem Element"?	
Bei welchen Dingen/Tätigkeiten bin ich besonders erfolgreich (gewesen) und wodurch zeichnet sich mein Denken und Handeln dabei aus?	
Bei welchen Dingen/Tätigkeiten lerne ich besonders schnell?	
Wie führe ich andere und was fällt mir dabei besonders leicht?	
Für welche Aufgaben/Tätigkeiten habe ich besonders viel Erfahrung?	
Worin liegt meine fachliche Expertise (Technologien, Branchen/Märkte, Prozesse, Methoden, Tools, Fachgebiete, Produkte etc.)?	

Position

Datum

z. B. andere für neue Ideen/Konzepte begeistern

z. B. 80 %

Fast Reader

1. Stärkenorientiertes Führen lohnt sich

Die Persönlichkeitsstruktur von Menschen ist relativ stabil. Versuchen Sie deshalb nicht, Menschen in ihren Persönlichkeitsmerkmalen grundlegend zu verändern – das ist ein sinnloses Unterfangen. Finden Sie besser die schon früh entwickelten individuellen Talente und Stärken Ihrer Mitarbeiter und fördern Sie diese.

Wenn Mitarbeiter ihren Stärken entsprechend eingesetzt werden, sind sie erfolgreicher. Das führt zu mehr Anerkennung und Erfolg. Mit stärkenorientierter Führung erreichen Sie daher nicht nur eine bessere Leistung, sondern Sie fördern auch die Motivation.

In der Unternehmensrealität führen Vorgesetzte oft defizitorientiert. Auch die innerbetriebliche Weiterbildung konzentriert sich zu sehr auf den

Abbau von Defiziten statt auf das Fördern von Talenten.
Stärkenorientiertes Führen
- *geht von den Talenten der Mitarbeiter aus,*
- *erhöht die Motivation der Mitarbeiter und*
- *steigert die Leistung aller.*

2. Führen Sie sich selbst stärkenorientiert

Eine Stärke entsteht durch die Verbindung von Talent, Wissen und Können. Ein Talent ist definiert als ein Wahrnehmungs-, Denk- oder Verhaltensmuster, das bei Ihnen stark ausgeprägt ist und das Sie produktiv einsetzen können, um ein Ergebnis zu erzielen.
Jeder Mensch verfügt über Talente im Sinne produktiv nutzbarer Wahrnehmungs-, Denk- oder Verhaltensmuster. Erstellen Sie anhand des Fragenkatalogs Ihr persönliches Stärkenprofil. Ergänzen Sie Ihre Beobachtungen durch geeignete Tests und Feedback aus Ihrem Umfeld.

Talent muss gegeben sein, wenn es fehlt, kann dies zum Engpass werden. Wissen und Können kann man sich aneignen.
Machen Sie sich Ihre Schwächen bewusst und suchen Sie sich eine Tätigkeit, in der diese keine Rolle spielen. Sie sollten sich einer Schwäche nur dann

30

widmen, wenn diese Sie von einer hervorragenden Leistung in Ihrem Job abhält, für den Sie alle übrigen Anforderungen erfüllen. Gleichen Sie die Schwäche dann durch Disziplin oder Delegation aus.

3. Führen Sie Ihre Mitarbeiter stärkenorientiert

Beobachten Sie Ihre Mitarbeiter bei der Arbeit und reflektieren Sie, wo mögliche Stärken liegen könnten. Geben Sie ihnen gezielt Aufgaben, um Ihre Vermutungen zu überprüfen. Führen Sie mit Ihren Mitarbeitern Gespräche über ihre Stärken und diskutieren Sie gemeinsam Ihre Beobachtungen sowie deren Selbsteinschätzungen.

Führen Sie mit Ihren Mitarbeitern mindestens einmal im Jahr ein strukturiertes Stärkengespräch und geben Sie auch im Alltag stärkenorientiertes Feedback.

30

Beobachten Sie Ihre Mitarbeiter und führen Sie regelmäßige Stärkengespräche.

Teams sind dann erfolgreich, wenn sich die einzelnen Teammitglieder mit ihren jeweiligen Stärken ergänzen. Wenn dieselbe Stärke bei mehreren Teammitgliedern ausgeprägt ist und andere wichtige Eigenschaften fehlen, treten die Teammitglieder wahrscheinlich miteinander in Konkur-

renz, während gleichzeitig wichtige Teamaufga-
ben nicht gelöst werden.

4. Führen Sie Ihr Unternehmen stärkenorientiert

Konzentrieren Sie sich bei der Auswahl neuer Mit-
arbeiter auf wenige ausschlaggebende Eigenschaf-
ten. Beobachten und befragen Sie die Bestleister in
der gleichen Funktion, welche Begabung diese so
erfolgreich macht. Überprüfen Sie anschließend im
Vorstellungsgespräch durch geschicktes Fragen, ob
der Bewerber die gesuchte Stärke mitbringt.
Orientieren Sie sich am Best-Fit-Ansatz. Koppeln
Sie Karriere im Unternehmen von der Führungs-
verantwortung ab und führen Sie flexible Gehalts-
bänder ein.

Achten Sie bei der Personalauswahl auf die Stär-
ken, die Sie im Unternehmen benötigen. Gestal-
ten Sie Ihre Unternehmensstruktur flexibel und
stärkenorientiert.
Investieren Sie Zeit, um Bestleister zu Spitzenleis-
tungen zu führen. Bei Mitarbeitern mit geringer
Leistung sollten Sie beobachten, ob der Grund für
die schlechten Ergebnisse im Wollen, Können oder
Dürfen liegt. Überlegen Sie selbstkritisch, welchen
Anteil Sie als Führungskraft daran haben.

30

Der Autor

 Alexander Groth ist Professional Speaker und Autor von Bestsellern zum Thema Führung. Er gilt als einer der renommiertesten Führungsexperten in Deutschland. Als Professional Speaker gibt Alexander Groth Führungskräften auf Tagungen und Konferenzen mit seinen spannenden Vorträgen neue Impulse für ihre Arbeit. Er versteht es, seine Zuhörer zu fesseln und zu begeistern.

Kontakt:
Alexander Groth
Tel.: 06103/ 312 45 90
E-Mail: dialog@alexander-groth.de

Weiterführende Literatur

- Buckingham, Marcus und Coffman, Curt: Erfolgreiche Führung gegen alle Regeln. Wie Sie wertvolle Mitarbeiter gewinnen, halten und fördern, 3. aktual. Aufl., Frankfurt 2005

- Buckingham, Marcus: Nutzen Sie Ihre Stärken jetzt! Das 6-Schritte-Programm für stärkenorientiertes Führen, Frankfurt 2009

- Groth, Alexander: Führungsstark in alle Richtungen. 360-Grad-Leadership für das mittlere Management, 2., aktual. Aufl., Frankfurt 2010

- Sprenger, Reinhard K.: 30 Minuten für mehr Motivation, 15. Aufl., Offenbach 2011

- Tscheuschner, Marc und Wagner, Hartmut: TMS. Der Weg zum Hochleistungsteam, Offenbach 2008

- Brand, Markus und Ion, Frauke: Motivorientiertes Führen. Führen auf Basis der 16 Lebensmotive nach Steven Reiss, Offenbach 2009

Literatur mit intergriertem Persönlichkeitstest

- Attems, Rudolf und Heimel, Franz: Typologie des Managers. Potenziale erkennen und nutzen mit dem Myers-Briggs Type Indicator, 2., aktual. u. erw. Aufl., Frankfurt/Wien 2003

- Buckingham, Marcus und Clifton, Donald O.: Entdecken Sie Ihre Stärken jetzt! Das Gallup-Prinzip für individuelle Entwicklung und erfolgreiche Führung, 4., aktual. Aufl., Frankfurt/New York 2011

- Littauer, Florence: Einfach typisch! Die vier Temperamente unter der Lupe, 23. Aufl., Asslar 2009

- Stahl, Stefanie und Alt, Melanie: So bin ich eben! Erkenne dich selbst und andere, 7. Aufl., Hamburg 2011

Empfohlene Persönlichkeits-Tests
- Gallup Strength Finder, Gallup Deutschland

- Golden Profiler of Personality (GPoP), Anbieter finden Sie im Internet

- Team Management System-Profil (TMS), Informationen unter www.tms-Zentrum.de

Empfohlene Astrologin
- Heidemarie Grünewald (Frankfurt a. M.)Telefon: 069/523870

Empfohlener Vortrag und Vertiefungsseminar
- Informationen unter www.alexander-groth.de

Stichwortregister

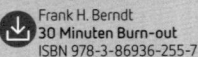